Wioletta Bogumiła Aumer

Psychologia zbiorowości w paradygmacie świata niepodzielonego

AF883819

Wioletta Bogumiła Aumer

Psychologia zbiorowości w paradygmacie świata niepodzielonego

Wybór pism

Wydawnictwo Bezkresy Wiedzy

Impressum / Imprint
Bibliografische Information der Deutschen Nationalbibliothek: Die Deutsche Nationalbibliothek verzeichnet diese Publikation in der Deutschen Nationalbibliografie; detaillierte bibliografische Daten sind im Internet über http://dnb.d-nb.de abrufbar.
Alle in diesem Buch genannten Marken und Produktnamen unterliegen warenzeichen-, marken- oder patentrechtlichem Schutz bzw. sind Warenzeichen oder eingetragene Warenzeichen der jeweiligen Inhaber. Die Wiedergabe von Marken, Produktnamen, Gebrauchsnamen, Handelsnamen, Warenbezeichnungen u.s.w. in diesem Werk berechtigt auch ohne besondere Kennzeichnung nicht zu der Annahme, dass solche Namen im Sinne der Warenzeichen- und Markenschutzgesetzgebung als frei zu betrachten wären und daher von jedermann benutzt werden dürften.

Informacja bibliograficzna Niemieckiej Biblioteki Narodowej: Niemiecka Biblioteka Narodowa rejestruje tę publikację w Niemieckiej Bibliografii Narodowej; szczegółowe informacje bibliograficzne dostępne są w Internecie na stronie http://dnb.d-nb.de.
Wszelkie nazwy znaków firmowych i nazwy produktów wymienione w niniejszej publikacji podlegają prawu ochrony własności przemysłowej i stanowią znaki towarowe lub zarejestrowane znaki towarowe należące do ich właścicieli. Przez fakt użycia nazw znaków firmowych, nazw produktów, nazw zwyczajowych, nazw handlowych, opisów produktów itp., nawet bez dokładnego ich oznaczenia, nie należy rozumieć, że nazwy te nie są objęte prawem ochrony własności przemysłowej i że mogą być wykorzystywane bez ograniczeń.

Coverbild / Okładka: www.ingimage.com

Verlag / Wydawnictwo:
Wydawnictwo Bezkresy Wiedzy
ist ein Imprint der / jest znakiem handlowym
OmniScriptum GmbH & Co. KG
Bahnhofstraße 28, 66111 Saarbrücken, Deutschland / Niemcy
Email: info@bezkresywiedzy.com

Herstellung: siehe letzte Seite /
Druk: patrz ostatnia strona
ISBN: 978-3-639-89164-5

Copyright © 2016 OmniScriptum GmbH & Co. KG
Alle Rechte vorbehalten. / Wszystkie prawa zastrzeżone. Saarbrücken 2016

Wioletta. B. Aumer

PSYCHOLOGIA ZBIOROWOŚCI W PRARDYGMACIE ŚWIATA NIEPODZIELONEGO. WYBÓR PISM

Spis treści

MATERIA I PSYCHE W PARADYGMACIE ŚWIATA NIEPODZIELONEGO. ***Rozważania w kontekście pytań o racjonalność***

Pytanie o racjonalność, to jedno z najstarszych pytań, jakie zadaje sobie ludzkość, i doczekało się ono wręcz niezliczonych odpowiedzi w różnych epokach i kulturach, na całej ziemi. Dlaczego odpowiedzi na to pytanie są tak liczne, i dlaczego tak różne? Natomiast konsekwencje udzielonych odpowiedzi, ustanawiają obraz świata tych, którzy za daną wizją racjonalności podążają? W sferze politycznej proces ten uwidacznia się szczególnie jaskrawie, gdyż wywiera ona bezpośredni wpływ na system prawny, ekonomie, poczucie wartości poszczególnych grup społecznych, ich dobrostan, dobrobyt, jak też poczucie celu i sensu życia.

Paradygmatyczne uwarunkowanie wzorców sensu i znaczenia

Kluczowym elementem, który rzuca pewne światło, na kwestie racjonalności, jest *paradygmat*, czyli pewien wzorzec organizacji rozumienia tego, co dane w doświadczeniu, przyjęty w danej społeczności. Aldona Motycka, rozważając kwestie znaczenia paradygmatu, podkreśla, że „widzenie", jako pojmowanie sensu tego, co się pojawia, zakłada zawsze pewien porządkujący model widzenia, bez którego materiał doświadczania, przedstawiałby sobą jedynie jakąś kakofonie barw i dźwięków[1] [z czym mamy do czynienia, na przykład, w przypadku, tak zwanego, pomieszania zmysłów, kiedy osoba traci poczucie znaczenia, dochodzących do niej informacji].

W swoich badaniach nad granicami racjonalności, Jerzy Życiński, odnośnie kwestii paradygmatu w nauce, zwraca uwagę, że po opublikowaniu „Struktury rewolucji naukowej" Thomas Kuhna, z terminem tym łączy się ponad trzydzieści różnych znaczeń[2]. Pisze on: „Paradygmatem może być zarówno wzorzec konkretnych badań, jak i ideał dyscypliny naukowej, wizja świata i perspektywa poznawcza. Różnice te stają się mniej istotne, gdy pozostajemy na poziomie ogólnikowych sformułowań, które mówią: *wszyscy jesteśmy więźniami naszych paradygmatów, gdyż przyjmowana*

---

[1] A. Motycka, Rozum i intuicja w nauce, Wyd. Eneteia, Warszawa, 2005, s. 32.

2 **Paradygmat** – w rozumieniu wprowadzonym przez filozofa Thomasa Kuhna w książce *Struktura rewolucji naukowych* (*The Structure of Scientific Revolutions*) opublikowanej w 1962 roku – to zbiór pojęć i teorii tworzących podstawy danej nauki. Teorii i pojęć tworzących paradygmat raczej się nie kwestionuje, przynajmniej do czasu kiedy paradygmat jest twórczy poznawczo - tzn. za jego pomocą można tworzyć teorie szczegółowe zgodne z danymi doświadczalnymi (historycznymi), którymi zajmuje się dana nauka. Najogólniejszym paradygmatem jest *paradygmat metody naukowej*, jest to kryterium uznania jakiejś działalności za naukową. Paradygmat od tzw. dogmatu odróżnia kilka zasadniczych cech: nie jest on dany raz na zawsze - lecz jest przyjęty na zasadzie konsensusu większości badaczy, co nie oznacza, że naukowcy głosują nad przyjęciem lub odrzuceniem paradygmatu, liczy się zgodność paradygmatu z dotychczasową wiedzą i spełnienie wielu warunków (w zakresie np. istniejących dowodów); może okresowo ulec zasadniczym przemianom prowadzącym do głębokich zmian w nauce zwanych rewolucją naukową (zobacz Experimentum crucis); podważa sens **absolutnej słuszności**. Pojęcie "absolutnej słuszności" nie ma charakteru naukowego. Dobry paradygmat posiada kilka cech i m.in. musi: być spójny logicznie i pojęciowo; musi być jak najprostszy i zawierać tylko te pojęcia i teorie, które są dla danej nauki rzeczywiście niezbędne; powinien dawać możliwość tworzenia teorii szczegółowych zgodnych ze znanymi faktami. Za: Wikipedia.

przez nas wizja świata, zależy tak od przyjętych wcześniej założeń i pojęć podstawowych [...]."[3] Właśnie z wymienionych powyżej względów, paradygmat w nauce ma nie mniejszy wpływ na wnioski płynące z badań, niż sama obserwacja i eksperyment, czy nawet szczególnie dociekliwa analiza, interpretacja hermeneutyczna, czy obliczenia matematyczne. Zauważmy, że nawet najbardziej oczywiste dowodzenie, nie było w stanie przekonać współczesnych M. Kopernika, o tym, że Ziemia nie stanowi centrum wszechświata, a co więcej, że krąży ona wokół Słońca, i nie jest płaska, lecz okrągła, a to wszystko wbrew temu, na co wskazuje naoczna percepcja[4]. Trudno się dziwić współczesnym Mikołaja Kopernika, że łatwiej im przyszło zwątpić w jego obliczenia niż w swoje zmysły, [zgodnie z prostym twierdzeniem, że przecież, jaki koń jest, to każdy widzi...]. Stykamy się w tym miejscu, z *problemem dopuszczalnego zakresu interpretacji świata, który wynika z przyjętych przez daną kulturę, ideowych i teoretycznych, wzorców racjonalności.*

Oczywistą jest rzeczą, w związku z tym, że jedna z najważniejszych dyskusji, jaka się toczy we współczesnej nauce, dotyczy paradygmatycznego uwarunkowania wiedzy, co za tym idzie również kwestii pojmowania racjonalności w odniesieniu do spraw społecznych i politycznych. Na przykład, czy możemy mówić o suwerennym państwie, w sytuacji, gdy większość jego obywateli oraz sektor produkcyjno – usługowy, szeroko pojęty, są tragicznie zadłużone, w ponadnarodowych instytucjach finansowych? Niesuwerenne narody w suwerennych państwach, czy to jest racjonalne? Oczywiście, jest to pytanie do rozważań, w nieco innym dyskursie, niż ten, którego podjęliśmy się tutaj.

W kulturze Zachodu, przez ostatnie około 300 lat, trudny do przecenienia wpływ na sposób podejścia do racjonalności *wywierał paradygmat kartezjańsko – newtonowski*[5]. Czyste i pewne myślenie, ugruntowane być powinno, jak tego dowodził Kartezjusz, w danych liczbowych i geometrii. Wynikało to zapewne z faktu, że był on Różokrzyżowcem, w związku, z czym musiał on podlegać szczególnie wpływom pitagoreizmu, jak też alchemii [ta ostatnia w czasach Kartezjusza, zajmowała się systematycznymi badaniami tajemnic Natury, jako wyrazu Boskiego Rozumu i Woli].

D***ualizm i polaryzacja,*** to cechy szczególne metafizyki, filozofii przyrody i teorii poznania u Rene Kartezjusza, dlatego zaszczepił on w umysłowości Zachodu, wzorzec wnioskowania o świecie, w którym istnieją dwie substancje, myśląca i rozciągła, dusza i ciało, które nie stykają się ze sobą i nie oddziałują na siebie,[6] a jedynie w istocie ludzkiej, objawia się boski umysł, czego wyrazem jest nasza

---

[3] J. Życiński J, Granice racjonalności. Eseje z filozofii nauki, PWN, Warszawa, 1993, s. 35.

[4] Autograf „De revolutionibus orbium coelestium" [o obrotach sfer niebieskich] przechowywany jest w Bibliotece Jagiellońskiej w Krakowie. Składa się ono z 6 ksiąg: pierwsza podaje uzasadnienie centralnego położenia Słońca oraz potrójnego ruchu Ziemi, uzupełnione wykładem trygonometrii płaskiej i sferyczne) oraz wyliczoną przez Kopernika tablicą dziesiętne) funkcji sinus; księga druga obejmuje astronomię sferyczną oraz katalog gwiazd, w księdze trzeciej przedstawiona jest Kopernika teoria precesji, księga czwarta zawiera teorię ruchu Księżyca i omówienie metod obliczania zaćmień, a księgi piąta i szósta teorię ruchu planet.

[5] Tę problematykę omawiamy w kontekście zaproponowanym, przez: S. Grof S, A. Motycka, F. Capra, J. Życiński, A. Mindell, R. Dunbar, A. Scot.

[6] Wg T. Tatarkiewicza, podejście Kartezjusz możemy rozumieć następująco, oto *„dusza i ciało mają zasadniczo różne natury. Ciała są rozciągłe i pozbawione świadomości, dusze zaś świadome, a za to pozbawione rozciągłości. Stanowią dwa oddzielne światy. Na ogół wcale nie stykają się ze sobą; nie tylko ciała nieorganiczne, ale nawet zwierzęta są natury wyłącznie cielesnej; maja tylko ciała, nie maja dusz."*

zdolność myślenia *[Cogito ergo sum]*. Stąd też tylko o człowieku można powiedzieć, według R. Kartezjusza, że ma duszę. Podobnym będąc przez to Bogu, człowiek różni się od innych żyjących istot, które duszy są pozbawione, i stanowią tym samym po prostu *przejaw materii rozciągłej*, poruszającej się i metabolizującej. W związku z powyższym, o ile życie ludzkie należy chronić i obdarzać szacunkiem, o tyle inne istoty, bez żadnych zahamowań moralnej natury, traktować można jak rzeczy. Oczywiście R. Kartezjusz nie był ani pierwszym, ani jedynym, który taki program ideowy i filozoficzny zaszczepiał, niniejszym, zdobywając wielkie uznanie w oświeceniowym nurcie umysłowym Zachodu, ugruntował i uzasadnił dla współczesnych, słuszność dualizmu umysłu i materii, z wszystkimi tego konsekwencjami.

Drugi wymiar dualizmu u R. Kartezjusza ma miejsce na odcinku podmiot poznający – przedmiot poznania. Dowodził on, że świat materialny można opisać obiektywnie, w sposób niezależny od wstępnych uwarunkowań ludzkiego obserwatora. Badacz, miał być zdolny, niczym zwierciadło, odbijać w swym umyśle, jasną i skończoną prawdę o badanych przedmiotach. Koncepcje filozoficzne R. Kartezjusz, które zdesakralizowały świat przejawiony w materii, otwarły szeroko drzwi do badań w dziedzinie nauk przyrodniczych, i przyczyniły się do dynamicznego rozwoju techniki, ale, jak zauważają współcześni zwolennicy modelu integracyjnego w nauce[7], jednym z ich końcowych następstw, jest poważne zaniedbanie holistycznego podejścia do człowieka, społeczeństwa i życia na naszej planecie. Implikacje kartezjańskich, epistemologicznych oraz ontologicznych, założeń dość istotnie wpłynęły na ukształtowanie się typowych zrębów mentalności człowieka Zachodu, które znajdują swój wyraz zarówno w powszechnie obowiązujących normach społecznych i zwyczajach, jak i prawodawstwie oraz polityce. Mamy, na przykład, do czynienia z ogólnym przyzwoleniem na pozbawione wszelkich zahamowań moralnych eksperymentowanie na zwierzętach oraz masowe ich zabijanie[8], co dotyczy również istot ludzkich, w przypadkach, kiedy odmawia się im człowieczeństwa , na przykład ze względu na rasę, religię, orientacje płciową, czy stan zdrowia psychicznego albo fizycznego - wówczas i oni, bywa, że są traktowani po prostu jako ożywiona materia, którą można, w sposób naukowy i metodyczny, usunąć, czy zneutralizować – cokolwiek miałoby to znaczyć – czystki, deportacje, więzienia, opresyjne, przymusowe zabiegi kliniczne itp. Przy czym ważna jest naukowa racjonalizacja tych posunięć. Naukowość, zastąpiła „wolę bożą”, wieków średnich. Krematoria i cyklon b, zastąpiły mało efektywny system palenia na stosie. Broń nuklearna, sprawia, że wojna, może przybrać wyraz bardziej abstrakcyjny, o nieporównywalnej z minionymi epokami wydajności.

Akceptacja rasizmu, seksizmu, niewolnictwa i apartheidu w społeczeństwach chlubiących się tradycją i kulturą demokratyczną, musiała mieć zakorzenienie w takim dualistycznym i niejednoznacznym stosunku do rozumienia człowieczeństwa poszczególnych istot przynależnych do

[7] Podejście integracyjne, omówione jest w ostatniej części artykułu, która poświęcona jest dynamicznej spirali rozwoju świadomości.

[8] Ciekawy artykuł na temat inteligencji i świadomości zwierząt, można przeczytać w: W. Karczewski, Rozmyślania o rozumie, Wiedza i Życie, nr 3/ 1996.

gatunku *homo sapiens*. W innym przypadku, trudno byłoby wyjaśnić i uzasadnić niewolnictwo, a następnie segregacje rasową i eksterminacje rdzennej ludności w takim kraju jak Stany Zjednoczone, założonym przez najbardziej postępowe umysłu epoki Oświecenia, którego R. Kartezjusz był prorokiem. Potrzebny był paradygmat, który otworzyłby drogę do sekularyzacji sfery relacji społeczno – politycznych, a jednocześnie chronił przesądy religijne, którymi konkwistadorzy i kolonizatorzy racjonalizowali swoją bezwzględną opresje i politykę łupieżczo - eksterminacyjną, wobec podbijanych narodów[9].

W tym miejscu, w związku z naszymi rozważaniami nad racjonalnością, pojawia się kwestia *racjonalizacji*, jako metody redukcji dysonansu poznawczego[10]. Racjonalizacja, jako poznawcza reakcja obronna, uruchamia się automatycznie i bezrefleksyjnie w sytuacjach, gdy zauważamy, że nasze zachowanie jest niezgodne z zasadami moralnymi, oraz kategoriami rozumności, z którymi dane indywiduum, czy społeczność, identyfikuje się, jako elementem własnej tożsamości. Światły człowiek oświecenia i demokrata osiemnastowieczny, potrzebował właściwej strawy intelektualnej, aby głosić ideały demokracji, jednocześnie nie dopuszczając [chyba nawet w snach], kobiet czy ludności „kolorowej" do wyższej edukacji albo czynnych i biernych praw wyborczych, potrzebował też usprawiedliwić swoja chłodną obojętność wobec zatrudnianych w nowopowstających fabrykach ludzi, nawet, gdy były to dzieci, by móc ich traktować jak proste przedłużenie maszyny i wyrzucić do rynsztoka, po wyczerpaniu zdolności do pracy. Okazało się w końcu, że ci zdesperowani biedacy, nie byli jednak tylko rozciągłą materią, czemu dali wreszcie wyraz swym sprzeciwem wobec takiego odczłowieczonego traktowania, uruchomiając falę proletariackiego buntu, wraz z efektami, w postaci politycznych rewolucji i przewrotów.[11] R. Kartezjusz, z pewnością stał się wielkim kapłanem, wchodzącej na arenę historii burżuazji oraz inteligencji, z ich wizją Rozumu i Postępu.

Isaak Newton, w swoich badaniach z zakresu fizyki, wprowadził natomiast całkowicie deterministyczną wizję wszechświata, który zbudowany jest, jak sądził, ze stabilnej materii, rozmieszczonej w Euklidesowej, trójwymiarowej przestrzeni. Od tego, I. Newton, wyprowadził dalej twierdzenie, że czas ma charakter absolutny, autonomiczny, niezależny od materialnego świata i płynie liniowo. Cząstki atomowe, miały poruszać się poruszać zgodnie z odwiecznymi, niezmiennymi prawami, a zdarzenia i procesy w świecie materialnym, miały składać się z łańcuchów współzależnych przyczyn i skutków. W rezultacie, rozumowanie to dawało podstawy, przynajmniej w teorii, do dokładnej rekonstrukcji, każdego minionego stanu we wszechświecie oraz przewidzenie, przyszłych następstw, znanych już przyczyn. Jeszcze obecnie, zwykło się uznawać, że dobrze opracowana teoria i

---

[9] N. Chomski, Rok 501. Podbój trwa, PWN, Ponań, 1999r.

[10] Szersze omówienie dysonansu poznawczego można znaleźć w pracach A. Aronsona, który to zjawisko psychologiczne, wprowadził w obieg naukowy.

[11] Pochodzenie pojęcia **proletariat** (z łac. *proles*: *potomstwo*, *winna latorośl*); w starożytnym Rzymie warstwa najuboższych niemających ziemi obywateli, wolna w zasadzie od podatków i służby wojskowej, u schyłku republiki w znacznym stopniu utrzymywana przez państwo. Szczególnie dużą rolę proletariusze odgrywali podczas walk wyborczych. Od państwa otrzymywali jedzenie i prawo do bezpłatnych igrzysk (*panem et circenses - chleba i igrzysk*), za: Wikipedia.

zastosowana metoda, powinny pozwolić przewidywać nam przyszłe zachowania badanych obiektów, czy zjawisk. Ponieważ nie sprawdza się to oczekiwanie w odniesieniu do dziedzin wiedzy, zajmujących różnymi aspektami aktywności człowieka, uchodzą one za mniej „naukowe" od tych, które skupiają się na szeroko pojętym przyrodoznawstwie i technologii. Pytanie, dlaczego człowiekowi łatwiej jest przewidzieć reakcje pierwiastków chemicznych, niż swoje własne? Dlaczego łatwiej było wynaleźć mikroprocesory i stworzyć Internet, niż świat bez wojen i wzajemnych nadużyć? Zdaje się, że człowiek pozostaje dla siebie samego, ciągle wielka zagadką. Starożytna sekwencja, *„człowieku poznaj siebie, a poznasz Bogów i Wszechświat"*, zdaje się ciągle stanowić, dla ludzkości, nie mniejsze wyzwanie niż dwa i pół tysiąca lat temu.

„Mity założycielskie klasycznej nauki" – tego określenia użył, noblista z dziedziny chemii, Ilya Prigogine[12], mówiąc o założeniach paradygmatycznych filozofii kartezjańsko – newtonowskiej. Fizyk, ale też filozof, F. Capra, również zwraca uwagę na to, że nowożytne dyscypliny naukowe urzeczywistniły w doskonały sposób, strategie epistemologiczną Galileusza czy Newtona, która dopełnia kartezjański model. Strategia ta, kieruje uwagę badaczy przede wszystkim, ku wymiernym własnościom materii, oraz jej pomiarom i opisom ilościowym. O ile, jak to już zostało wspomniane, ten czysto przedmiotowy stosunek do przyrody, wygenerował niewyobrażalny wręcz postęp technologiczny, jednak, jak zauważa Richard D. Laing, w obszarze wiedzy psychologicznej, przyniosło to szkody i spustoszenia[13], gdyż: „naukę pozbawiono wzroku, słuchu, smaku, dotyku i powonienia, a razem z nimi zniknęła wrażliwość estetyczna i etyczna, wartości, jakość i forma.; wszelkie uczucia, motywy i zamiary, dusza, świadomość i duch. Ze sfery dyskursu naukowego wyrzucono udział przeżycia, jako takiego."[14] Dane statystyczne, powtarzalność, falsyfikowalność doświadczeń, stanowią, tak zwane, twarde dowody naukowej rzetelności i prawdziwości wnioskowania. Fenomenologia i hermeneutyka, jako główne narzędzia badań jakościowych, zostały zepchnięte w obszar „nauk miękkich", o znaczeniu drugorzędnym, zwłaszcza, że rezultaty badań w tym obszarze, nie przekładają się prosto na nowe technologie i zyski, co ostatecznie wskazuje na ich rudymentarne znaczenie w „nauce twardej". Trudno w tym miejscu oprzeć się pewnym, iście „freudowskim" skojarzeniom, odnośnie „miękkiej", niepewnej nauki i „twardej", produktywnej, tudzież skutecznie penetrującej Naturę, jej zasoby i tajemnice.

Po dokonaniu redukcji metafizycznej w dziedzinie epistemologii, i odrzuceniu kartezjańskiego postulatu o wpływie czynnika boskiego, na sposób ideacji świata przez człowieka, pojawił się w ramach klasycznego paradygmatu, problem z odpowiedzią na pytanie, w jaki sposób, bezwładna

[12] ur. 25 stycznia 1917 w Moskwie, zm. 28 maja 2003 w Brukseli) - belgijski fizyk i fizykochemik pochodzenia rosyjskiego, arystokrata, laureat Nagrody Nobla z dziedziny chemii w roku 1977 za wkład w rozwój termodynamiki nierównowagowej procesów nieodwracalnych, a w szczególności za teorię struktur dyssypatywnych, za: Wikipedia.

[13] Przymusowe lobotomie, elektrowstrząsy, nachalna, nieskuteczna farmakoterapia, stygmatyzacja i marginalizacja ludzi nieużytecznych oraz ich świata psychicznego…

[14] R.D., Laying, The Voice of Experience, New York, 1982.

materia, stała się [nagle] świadoma siebie i otaczającego ją świata, w postaci istoty myślącej, jaką człowiek bywa.

Rozwój medycyny i biochemii, sprawił, że wyjaśniono tę kwestię, w taki sposób, że powiązano rozwój świadomość z wysokim zaawansowaniem rozwoju układu nerwowego. Jest powód, dla którego, w XX wiecznej nauce dominowało przekonanie, że świadomość jest prostym epifenomen mózgu i jego fizjologii - nie ma mózgu, nie ma świadomości. Podążając tym tropem racjonalności *„klasycznych mitów współczesnej nauki"*, można sobie wyobrazić, że ludzka inteligencja w drodze ewolucji wykształciła się z chemicznego szlamu, dzięki łańcuchowi przypadkowych, mechanicznych procesów, sam zaś sposób funkcjonowania psychiki, wynika z doświadczeń biograficznych jednostki. Natomiast stany, które wykraczają poza wyznaczone granice normy należy, zakwalifikować, jako aberracje, które trzeba jakoś zlikwidować, przez eliminacje „chorych" objawów, albo osób - czego symbolicznym wyrazem są mury i kraty szpitali psychiatrycznych.. Z korelacji pomiędzy stanami świadomości a zmianami zachodzącymi w mózgu, wyprowadzono wniosek o genezie i statusie ontologicznym świadomości w ogóle. Wniosek ten, podobnie jak lecznicze działanie lobotomii, nie da się jednak obronić z punktu widzenia obecnej wiedzy na temat neurofizjologii, co nie powróci godności ludzkiej i życia ofiarom przemijających przesadów epoki... [15]

Akt poznawania, podmiot poznający oraz przedmiotu poznania, jako jedność niepodzielona

Ze względu na ograniczone ramy tego studium, pominiemy referowanie szerokiego dyskursu zmiany paradygmatycznej w nauce, jaka ma miejsce od początku XX wieku, i skupimy uwagę tylko na kilku akcentach ważnych dla pogranicza fizyki oraz psychologii.

Nieoczekiwanie, właśnie odkrycia z dziedziny fizyki, przyniosły największe zwątpienie wobec słuszności kartezjasko – newtonowskiego paradygmatu w nauce. Teoria względności Alberta Einsteina i nowa teoria atomu, podważyły wszelkie podstawowe założenia newtonowskiej fizyki. Na tym nowoodkrytym poziomie dokładności wyjaśniania okazało się, że przestrzeń nie jest trójwymiarowa, a czas nie płynie liniowo, i zależy od położenia obserwatorów, oraz ich względnej prędkości w stosunku do obserwowanego zdarzenia; masa nie ma nic wspólnego z materią i stanowi, w istocie, formę energii [E=mc2]. Powinniśmy to wszystko brać pod uwagę, jeśli chcemy podążać za tym, co rozum ujawnia o bycie, gdyż podobnie jak w czasach przełomu kopernikańskiego, dochodzimy do sytuacji, gdzie musimy porzucić słuszność naszych spostrzeżeń zmysłowych, w celu bardziej rozumnego poznania świata materialnego. Newtonowska fizyka, jednocześnie zachowuje swą poprawność, ale jej zakres wyjaśniania zostaje sprawdzony do strefy wymiarów średnich", czyli nie jest adekwatne w skali mikro i makro.

Rozwój naszej wiedzy, zwłaszcza w dziedzinie fizyki i psychologii dowodzi, w jak potężnym zakresie cechy podmiotu poznającego, jak np. nawykowe spostrzeganie bodźców płynących ze

---

[15] „Oddział chorych na raka" A. Sołżenicyna, jest literackim pomnikiem ofiar, „naukowego" podejścia do ciała człowieka, jako materii rozciągłej, modyfikowalnej za pomocą zabiegów technologicznych.

środowiska zewnętrznego i wewnętrznego, wpływają na to, co, i w jaki sposób, zostaje poddane badaniu.

W latach XX, międzynarodowej grupie fizyków, w której znaleźli się Albert Einstein, Max Planc, Niels Bohr, Louis de Broglie, Werner Heisenberg, Erwin Schrodinger, Wolfgang Pauli i Paul Dirac, udało się uzyskać matematyczne sformułowanie zjawisk kwantowych.[16] Wykazali oni, że atomy, o których sądzono, że są twardymi elementami materii, składają się w istocie z niewspółmiernie wielkich przestrzeni, w których bardzo małe cząstki, elektrony, poruszają się wokół jadra. Po dalszych badaniach, odkryto, że cząstki subatomowe, stanowią „abstrakcyjne całości, posiadające pewien dualny charakter. W zależności od sposobu ich traktowania maja one czasem właściwości cząstek, a czasem fal [są w ruchu, w nieokreślonej przestrzeni]; tę dualną naturę ma też światło, które może ujawnia się albo w postaci fal elektromagnetycznych, albo cząstek. A. Einstein, nazwał te cząstki światła 'kwantami' – stąd nazwa „teorii kwantów", obecnie nazywamy je fotonami. Bardzo dziwna jest ta dwoista natura materii i światła. *Wydaje się niemożliwe, by cos mogło być równocześnie cząstka, tworem mieszczącym się w bardzo małej objętości, oraz falą rozprzestrzeniająca się na bardzo dużym obszarze. A jednak fakt ten musieli zaakceptować fizycy.*[17] A. Einstein, gdy zetknął się z tymi odkryciami, przeżył, jak twierdzi Fritiof Capra, wielki wstrząs, o którym miał się wyrazić: „Wszystkie moje próby dostosowania podstaw fizyki do tego [nowego rodzaju] wiedzy, zawiodły kompletnie. Miałem wrażenie, jakby grunt usunął mi się spod nóg i nigdzie nie można było znaleźć trwałych podstaw, by cokolwiek na nich budować."[18]

Mamy tu więc do czynienia, z pogwałceniem fundamentalnej zasady arystotelesowskiej racjonalności opartej na systemie 0-1, wedle którego, coś albo jest, albo nie jest. Niels Bohr[19], aby wyjaśnić ten paradoks, odwołał się bezpośrednio, do psychologii postrzegania, i stwierdził, iż owa sprzeczność wynika z niekontrolowanego oddziaływania między aktem obserwacji a jej przedmiotem. F. Capra, twierdzi, że wymiarze kwantowym nie może istnieć zagadnienie przyczynowości, ani całkowitego obiektywizmu, w ich niegdysiejszym rozumieniu. [...] Dalej zwraca uwagę, że mechanistyczny pogląd newtonowskiej fizyki, również nie ma tu zastosowania, gdyż materia na poziomie subatomowym, nie istnieje na pewno w konkretnych miejscach, ale wykazuje raczej „tendencję do zaistnienia", a zdarzenia atomowe nie zachodzą z pewnością w określonym czasie, a jedynie „przejawiają tendencję do występowania". [...] Zatem ***u samych podstaw to, co jest nam dane zmysłowo, jako świat trwałych obiektów, rozpływa się we wzór fal prawdopodobieństwa.***[20]

---

[16] S. Grof, Poza mózg, Wydawnictwo A, Kraków, 1999, s. 115.
[17] F. Capra, Punkt zwrotny, PIW, Warszawa, 1987, s. 114.
[18] Tamże, s. 113.
[19] Niels Henrik David Bohr (ur. 7 października 1885 w Kopenhadze, zm. 18 listopada 1962 tamże) - fizyk duński, laureat Nagrody Nobla z dziedziny fizyki w roku 1922 za opracowanie badania struktury atomu. Jego prace naukowe przyczyniły się do zrozumienia budowy atomu oraz rozwoju mechaniki kwantowej, za: Wikipedia.
[20] S. Grof, dz. cyt., s. 116, Capra F., dz. cyt., s. 116 .

Z badań wynika, na co zwraca uwagę, wielki interpretator fizyki dla niefizyków, F. Capra, że *cząstki elementarne nie są, zatem „rzeczami", lecz wzajemnymi powiązaniami między „rzeczami", a te „rzeczy" z kolei są wzajemnymi powiązaniami między jeszcze innymi „rzeczami" i tak dalej; mamy zawsze do czynienia z wzajemnymi powiązaniami.* Czymże jest, z tego punktu widzenia, bycie bytu? Bezgranicznym kontinuum w nieustannym ruchu, w esencji jednorodnym, różnicującym się dopiero w egzystencji.

Współczesna fizyka, doszła to tego miejsca, w penetracji materii, z perspektywy którego roztacza się widok na Wszechświat Niepodzielony. Jak twierdził W. Heisenberg: „świat jest jak skomplikowana tkanka zdarzeń, w której powiązania różnego rodzaju zmieniają się, nakładają na siebie lub łączą, określając tym samym strukturę całości. Gregory Bateson, rozwinął ten wątek ***przejścia od przedmiotowości do powiązań***, twierdząc, że podstawą wszystkich definicji powinny stanowić stosunki wzajemne, oraz *tego należy uczyć dzieci w szkole.*[21] ...Płynność i współzależność, stawia pod znakiem zapytania, agresywnie promowany przez neoliberałów, indywidualizm i partykularyzm oraz konkurencyjność w kwestiach społecznych, zwłaszcza w epoce globalizacji. Ludzkość i środowisko naturalne, w którym ona żyje, w którym My żyjemy, stanowi system naczyń połączonych. Skutki degeneracji, w jakiejś jednej jego części, wcześniej czy później odbiją się na kondycji całości.[22]

Na przełomowe konsekwencje epistemologiczne, tak zwanej *interpretacji kopenhaskiej*, zwraca uwagę, w swoich rozważaniach poświęconych zmianom paradygmatycznym w nauce, wybitny psychiatra i badacz transpersonalnych stanów świadomości, Stanislav Grof. Interpretacja kopenhaska związana jest z nazwiskami Nielsa Bohra i Weinera Heisenberga[23] [1950], i stanowisko w niej opracowane jest wiodące w fizyce kwantowej od połowy XX wieku, a kładzie ono nacisk na *zasadę przyczynowości lokalnej*, kosztem zakwestionowania obiektywnego istnienia mikroświata. Zgodnie z tym stanowiskiem, *rzeczywistość nie istnieje, dopóki nie jest spostrzegana.* Z tego punku widzenia patrząc, sama materia, bez świadomego podmiotu, który ją rozpoznaje, jest niemożliwa do dowiedzenia, gdyż ona sama siebie nie rozpoznaje, i aby zaistnieć, musi odbić się w jakiejś jaźni, zdolnej postrzec ją jakoś i zrozumieć [sformatować, mówiąc językiem programistów].

Twórcy interpretacji kopenhaskiej postawili swoją tezę, po tym, gdy musieli przyjąć, że zależnie od sposobu zestawienia sytuacji eksperymentalnej, ukazywały się im odmienne, komplementarne aspekty badanej rzeczywistości. Stąd też, sformowali wniosek, że to fakt obserwacji zaburza nienaruszoną całość wszechświata i powoduje paradoksy. Chwilowe doświadczenie rzeczywistości wcale nie okaże się paradoksalne. *Paradoks pojawia się tylko wówczas, gdy*

---

21 F. Capra, dz. cyt., s.120.

22 W Polsce, tymi kwestiami zajmuje się, min., Henryk Skolimowski, twórca *EKOFILOZOFII*, jeden z najwybitniejszych przedstawicieli tego nurtu na świecie.

23 W. Heisenberg był uczniem N. Bohra, w czasie drugiej wojny światowej współpracował reżimem faszystowskim nad „cudowna bronią", wierząc, że faszyści wygrają wojnę, i przejmą władze nad światem. N. N. N. Bohr odmówił kolaboracji z III Rzeszą, a po wojnie, starał się robić wszystko, aby wyniki badan nad atomem, nie zostały wykorzystane dla celów militarnych, co jak wiemy, nie powiodło się.

obserwator usiłuje odtworzyć przeszłość swego spostrzegania. Dzieje się tak, ponieważ nie ma zdecydowanej linii podziału między nami a rzeczywistością [podmiot spostrzegający – przedmiot postrzegania], którą widzimy jakby istniała na zewnątrz nas samych. *Rzeczywistość tworzona jest przez akty psychiczne i zależy od wyboru tego, co obserwujemy, oraz w jaki sposób to czynimy.* [24] ***Jest to moment bardzo ważny, w niniejszym studium, gdyż ukazuje, miejsce połączenia aktu poznawania i podmiotu poznającego oraz przedmiotu poznania, jako jedności niepodzielonej, co znalazło swoje ugruntowanie, w badaniach nad fizyką.***

Teoria bootstrap Geoffreyy'a Chewa, hipoteza wielu światów Hugha Everetta III, opracowana z Johnem A., Wheelerem i Neilem Grahamem, Dawida Bohma teoria funkcji falowej, wszystkie one wprowadzają decydującą *role psychiczności w świecie kwantowym.* Badacze myślący w ten sposób zakładają, że umysł lub świadomość bezpośrednio łączy się z materią, przez prosty fakt uwarunkowania wyników badań od: relacji fizycznych między tym, co badane, a tym, kto bada, aparatu spostrzegania, *paradygmatu interpretacji.*

Dalsze szczegółowe dociekania z zakresu nauk przyrodniczych, kolejnego noblisty, Iliyi Prigogina[25] czy Arthura Younga[26], prowadzą nas do wniosków, iż *rzeczywistość w swej podstawie, jest przede wszystkim integralnym procesem informacyjnym, gdzie podział na to co przynależy biernej materii i aktywnemu umysłowi, nie ma sensu, gdyż informacja jest nierozdzielna od materii - są one jednym, podobnie jak czas i przestrzeń, a nawet badacz, rzecz badana i przedmiot badania – stanowią jakąś relacyjną całość.*

Różnice w tej inteligentnej sieci życia, nie wynikają z tego, że jedne jego elementy są potrzebne bardziej, a inne mniej, ale raczej z *poziomów świadomości, pojętych, jako pola informacyjne*[27]. Te pola informacyjne, określają prawdopodobnie stan rozproszenia bądź skupienia cząstek elementarnych, prędkość ich wibracji, oraz powód, dla którego łączą się one w pierwiastki[28], które, z kolei wchodzą z sobą w interakcje, tworząc dostępną nam w percepcji zmysłowej, wysoce zróżnicowaną materię. Cały ten proces konstruowania się bytu, zachwyca precyzja wzorców reakcji, ich nieprawdopodobną i niewyobrażalną dla człowieka inteligencją, która determinuje ***nieskończone wzorce zmienności ujawniania się rzeczy***.

[24] S. Grof, dz. cyt., s. 120.

[25] Nad strukturami dyssypacyjnymi, gdzie zauważył, że to nie przypadek, jak sądzono, ale pewien możliwy do zauważenia wzorzec fluktuacji, organizuje mechanizm rozwoju procesów ewolucyjnych, za: I. Prigogine, Ponowne zaczarowanie światem, w: R. Weber, Poszukiwanie jedności, Warszawa 1990, Wyd. Pusty Obłok

[26] Przypisuje on światłu główną role we wszechświecie, odkrywając przy tym, podstawowy schemat procesu uniwersalnego.

[27] O. Vedfelt, Poziomy świadomości. Poznań potencjał swojego umysłu, Wyd. Eneteia, Warszawa, 2001; McTaggart L., Pole. W poszukiwanie tajemniczej siły wszechświata, Wyd. Czarna Owca, Warszawa, 2009r.

[28] *To ilość elektronów krążących na orbitach, wokół jądra atomu, decyduje ostatecznie, o tym, jak podstawowe, jednorodne podłoża cząstek elementarnych, zróżnicuje się na pierwiastki chemiczne. Z połączeń tych ostatnich wykształcają się, złożone byty materialne. Nie mamy ciągle, pewnej, naukowej wiedzy, jaki czynnik określa nieskończoną wręcz, wielorakość ich form. Podobnie, nie możemy uchwycić, jak z tego drgającego uniwersum cząstek subatomowych i pierwiastków, powstaje metabolizująca, samo reprodukująca się komórka. Brakuje nam kilku ogniw, w ewolucyjnym łańcuchu Darwina, albo... takiego łańcucha nie ma?..*

Kreatywność tej inteligentnej sieci, zdaje się nie mieć granic, i rozwija się w wymiarze czasoprzestrzennym i świadomościowym. Z wyników badań N. Heisenberga, dowiadujemy się, że współoddziaływanie między cząsteczkami/falami kwantowymi, przekracza prędkość światła, stąd coraz częściej dyskutowana jest koncepcja wszechświata, jako hologramu. Przekładając to na język doznań ludzkich, wszechświat miałby stanowić, podobnie jak inne jego holony[29], spójną, organiczną całość. W tak istniejącym wszechświecie, podobnie jak w we wszystkich organizmach żywych, procesy zachodziłyby w synergicznych, a nie liniowych powiązaniach. W przypadku człowieka, jako spójnej, synergicznej całości, objawia się to tak, na przykład, że w reakcji na bodziec wzrokowy, kojarzony z zagrożeniem, na poziomie fizjologicznym, wzrasta nagle ekstrakcja adrenaliny, która zmobilizuje układ nerwowy, krwionośny i wreszcie mięśniowy, do ucieczki lub walki. Nawet sama fantazja o zagrażającym obiekcie czy sytuacji, może wywołać reakcje fizjologiczne, takie jak przyspieszone bicie serca, skurcze, podniecenie seksualne. W obrębie całości, jaką jest człowiek, informacja w różnych jego obwodach przebiega synchronicznie i natychmiastowo. Bodźce dochodzące ze środowiska zewnętrznego, generowane przez symboliczne myślenie/fantazje i napięcia płynące z ciała, określają poziom równowagi, w jakim znajduje się indywiduum.

W podsumowaniu szczegółowego opisu dorobku fizyki kwantowej, F. Capra, podkreśla, że odkrycia w tej dziedzinie, nie tylko unieważniają klasyczny ideał obiektywnego opisu przyrody, ale *kwestionują również mit nauki obiektywnej, niewartościującej.* Prawidłowości dostrzegane w przyrodzie przez uczonych, wiążą się ściśle z budowa ich umysłów, z ich strukturami pojęciowymi, myślowymi oraz systemem wartościowania. Umysłowość uczonych, warunkuje, więc efekty ich pracy naukowej, oraz techniczne zastosowanie tej pracy. Większość szczegółowych badań naukowych nie zależy wprost, od wyznawanego przez badaczy systemu wartości, ale jednak ogólny paradygmat, określający kierunek prowadzonych badań, nigdy nie jest zupełnie niezależny od danego systemu wartości, dlatego uczeni odpowiedzialni są za swe badania, nie tylko pod względem intelektualnym, ale także moralnym[30].

Możemy się tu zastanowić nad kwestią odpowiedzialności badaczy, w związku z tym, co robią, i czego nie czynią w obszarze swoich pól badawczych. Możemy zadać sobie pytanie, jaką odpowiedzialność, przyjmują, na przykład, politolodzy, i jakie wykazują zaangażowanie w prace nad rozwiązywaniem problemów, wynikających z patologicznej dystrybucji władzy, na tej planecie?

Idea kosmosu jako ogromnej supermachiny, złożonej z niezliczonych, oddzielnych przedmiotów, i istniejącej niezależnie od obserwatora, zdezaktualizowała się w nauce i została odesłana do lamusa. Model unowocześniony przedstawia wszechświat, jako jednolitą, niepodzielną

[29] holony, to całości, które składają się na większe całości. Komórki, są holonami, które budują tkanki, te zaś składają się w narządy, natomiast narządy, jako odrębne, holoniczne całości, tworzą organizm, który podtrzymuje ich Zycie, tak jak one jego, żywe indywiduum, jest częścią swego gatunku, ten zaś, stanowi część ekosystemu planety, ta z kolei jest, jako spójny holon, fragmentem układy słonecznego, który współtworzy galaktykę, i tak dalej, za K. Wilber, Krótka historia wszystkiego, Warszawa 1997, Wyd. Jacek Santorski
[30] F. Capra, dz. cyt., s. 126.

sieć zdarzeń i ich wzajemnych związków. Jego części symbolizują pojedyncze cechy lub schematy działania tego samego integralnego procesu, o niewyobrażalnej złożoności. Jak to ponad pięćdziesiąt lat temu przewidywał James Jeans, wszechświat współczesnej fizyki o wiele bardziej przypomina układ procesów myślowych niż ogromny mechanizm zegara I. Newtona. *W miarę jak naukowcy penetrowali najgłębszą strukturę materii i badali wielorakie aspekty procesów zachodzących w świecie, z powyższego wyobrażenia stopniowo znikało pojęcie trwałej materii, a pozostawały jedynie wzorce archetypowe, abstrakcyjne wzory matematyczne, albo uniwersalny porządek. Dlatego, nie będzie przesadą, jeżeli założymy, że świadomość, jako nadrzędny i nieredukowalny atrybut egzystencji, jest w kosmicznej sieci jej zasadą spajającą."*[31], [32].

Materia świadomości i świadomość materii

Dochodzimy w naszym studium do miejsca, gdzie materia i świadomość nie mogą już być traktowane, jako dwa oddzielne porządki i wymiary bytu. Stąd też, na gruncie współczesnej fizyki, a także psychologii transpersonalnej, ale również neurobiologii czy biochemii, zauważa Alwyn Scott[33], poważnie przyjmowana jest ewentualność istnienia świadomości, poza mózgiem człowieka i wyższych kręgowców. S. Grof po kilkudziesięciu latach badań nad tą kwestią, stwierdził, że świadomość musi zostać włączona do rozważań na temat teorii materii fizycznego wszechświata, jako nadrzędny czynnik i zasada wiążąca w kosmicznej sieci. Skoro, jak tego dowodzą badania z dziedziny fizyki, wszechświat stanowi jednolitą zintegrowana sieć powiązań, a część jego składowych jest świadoma, musi to być w jakimś sensie słuszne dla całego układu. Oczywiście, dodaje S. Grof, można sobie wyobrazić, że różne części są w różnym stopniu świadome i przejawiają odmienne rodzaje świadomości[34].

Jako psychoterapeuta i psychiatra, związany z ośrodkami akademickimi, prowadząc badania nad wykorzystaniem psychodelików oraz rebirthingu w terapii nerwic i uzależnień, S. Grof, zauważył, że doświadczenia z sesji LSD powodują u pacjentów wyzwolenie stanów psychicznych, w żaden sposób niezwiązanych z ich osobowymi przeżyciami. Pacjenci wykraczali swoją świadomością poza osobowe ja, doświadczając nieznanych sobie dotąd przestrzeni mitycznych, doznań natury mistycznej, czasem, bywały to akty twórczej iluminacji, czasem zejścia w piekielne, przerażające krainy, zasiedlone przez istoty, o których możemy przeczytać w Biblii, w powieściach Fantazy lub mitologiach, ale na pewno, nie spotkamy ich w społecznie uzgodnionej rzeczywistości dnia codziennego, na przykład w drodze do pracy, chyba, że coś przerzuci naszą świadomość, w odmienny stan, albo społecznie uzgodniona rzeczywistość dozna wstrząsu, i wprowadzi w obieg, nowe treści... np. obozy koncentracyjne, brutalnych policjantów, umierające z głodu, pod marketami dzieci,

---

[31] S. Grof, dz. cyt., s. 128.
[32] D. Bohm, Undivaded universe: An Ontological Interpretation of Quantum theory
[33] A. Scott, Schody do umysłu. Nowa kontrowersyjna wiedza o świadomości, Wyd. Naukowo – Techniczne, Warszawa, 1999r.
[34] S. Grof, dz. cyt., s.132.

mutanty... W przestrzeni świadomości pacjentów S. Grofa, pojawiły się po prostu treści zupełne im obce. Z reszta, na tę kwestię, już dużo wcześniej, zwracał uwagę C.G. Jung, pracując z klientami, u których zdiagnozowano schizofrenię.[35]

Doświadczenia o charakterze transpersonalnym[36], co stara się wnieść w obieg naukowego dyskursu, S. Grof, których treści nie mają odpowiednika w materialnej rzeczywistości, podważają przekonanie, że „nie ma niczego w umyśle, czego nie wcześniej byłoby w zmysłach", na którym opiera się klasyczna psychologia i psychoanaliza oraz wiele innych dyscyplin humanistycznych.

Z badań, nad świadomością S. Grofa, A. Scota, O. Vedfelta, K. Wilbera, A. Mindella, i wielu innych wynika, że wizja człowieka jako wyłącznie biologicznej maszyny jest dłużej nie do utrzymania, gdyż istoty ludzkie funkcjonują równolegle poza sferą średnich wymiarów, jak rozlegle ***pola świadomości****, które pokonują ograniczenia ciała fizycznego, newtonowskiego czasu i przestrzeni oraz liniowej przyczynowości.*[37] S. Grof, zwraca uwagę na wniesioną przez mikrofizyków postać „obserwatora", jako kluczową, dla otrzymywanych wyników badań. Podkreśla on, że zwłaszcza w sytuacjach dotyczących człowieka, koncepcja natury ludzkiej, z jaką identyfikuje się badacz, oraz sam wybrany przez niego plan badawczy, mogą udostępnić w wyniku badania, modalność polową, bądź kartezjańsko – newtonowską..[38]

Nielokalność i niejednoznaczność bycia i istnienia cząstek subatomowych, stała się inspirującym gruntem, dla rozważań nad świadomością dla Arnolda Mindella[39]. Zauważa on, że „nasze ciała są zlokalizowane w jakimś jednym miejscu naszego istnienia, jednak z drugiej strony, na to, co dzieje się z ciałem, mają wpływ nasze nielokalne wyobrażenia, związki, w których funkcjonujemy, bądź organizacje, które wciągają nas w zasięg swojej kontroli, a także wydarzenia w najbliższym otoczeniu, i we wszechświecie. Nie tylko jednak, otoczenie ludzi oraz środowisko naturalne wpływa na nas, ale *również to, co dzieje się w nas samych, zmienia świat."*[40]

---

[35] C.G. Jung, Symbole przemiany. Analiza preludium do schizofrenii, WROTA, Warszawa, 1998r.

[36] Transpersonalne doświadczenie ma miejsce wówczas, gdy świadomość jednostki poszerza się poza granice ego, przekraczając ramy czasu i przestrzeni, co umożliwia np. cofniecie się w czasie i zgłębienie własnej biologicznej, kulturowej i duchowej przeszłości. Świat tak przezywany, jawi się jako nieskończona sieć aktów w obrębie świadomości, pokonuje dualizm między tym kto doznaje a tym co doznawane. Podobnie jak w fizyce kwantowej akcent przenoszony jest z materii i przedmiotu na formę, wzorzec i proces. Za: S. Grof, dz. cyt., s. 111.

[37] S. Grof, dz. cyt. s.139.

[38] Badania, których w tym studium już nie omówimy, z dziedzinie matematyki, techniki laserowej, holografii oraz neurofizjologii, doprowadziły do odkryć, które rzucają kolejne refleksy na to, jak, w jaki sposób rozumieć świadomość, zmieniając zakres i sposób jej pojmowania, niniejszym w kierunku w tym artykule omawianym.

[39] Po ukończeniu fizyki na MIT, A. Mindell, przeszedł w stronę psychoterapii jungowskiej, z czasem dając początek nowemu nurtowi w podejściu do pracy z pacjentem oraz teorii świadomości, jakim jest psychologia zorientowana na proces [Process Oriented Psychology]. Wspominam o tym, gdyż ścieżka rozwoju A. Mindella, jako badacza, jest żywą egzemplifikacją narzucającej się wręcz w ostatnich czasie, interdyscyplinarności w nauce.

[40] A. Mindell, Siła ciszy. Odwracanie procesów starzenia – kwantowe uzdrawianie, Wyd. KOS, 2007r., s. 15

Synchroniczność jako egzemplifikacja unus mundus

Badania nad zależnościami występującymi pomiędzy psyche i materią oraz świadomością i liczbowo – czasowymi przestrzeniami jej doświadczania, badała Marie - Louise von Franz, która współpracowała z Carlem Gustavem Jungiem, i kontynuowała jego dzieło[41].

W trakcie swojej wieloletniej działalności terapeutycznej C.G. Jung dostrzegł pewne, względnie regularnie pojawiające się związki, pomiędzy kierunkiem zmian zachodzących w psychice jego klientów, oraz niespodziewanych zwrotów i sytuacji, w ich relacjach ze światem. Oczywiście C.G. Jung, nie był odosobniony w tych obserwacjach, ale jako jeden z nielicznych, podjął się badań nad istotą tych zaskakujących synchroniczności.

Jest to o tyle istotne, w szukaniu odpowiedzi na pytania o racjonalność, że kieruje nasza uwagę w stronę powiązań pomiędzy tym, co wydarza się w przestrzeni doświadczeń wewnętrznych człowieka, a tym, co pojawia się równolegle w zewnętrznym, materialnym świecie. Co ważne, te dwa porządki bycia i istnienia, łączą się z sobą jedynie przez to, co w nich znaczące, a nie przez prostą przyczynowo – skutkowa zależność. M.L. von Franz, stwierdza, że podobnie jak kwanty i fale, nasze życie symboliczne, myślenie, aktywna imaginacja, niekontrolowane fantazje, pragnienia, mają zasadniczo charakter nielokalny, i opierają się na zasadzie prawdopodobieństwa, a nie bezwzględnej konieczności, czego szczególnym wyrazem jest właśnie, z punktu widzenia psychologii analitycznej **synchroniczność**[42].

Aby wyjaśnić ten fenomen, C.G. Jung, odwołał się do innego swojego odkrycia w dziedzinie psychologii, mianowicie, do *kolektywnej nieświadomości.* Zauważył on i zbadał, że psychika ludzka w swej podstawie wykracza poza jednostkowe doświadczenie, i ma charakter uniwersalny dla całego ludzkiego gatunku, i jej struktury napotykamy w każdym indywiduum. Według C.G. Junga, ta pierwotna, archetypowa warstwa psychiczna nie reprezentuje jakiejś dodatkowych, atawistycznych skłonności, wynikających z prostego dziedziczenia po prymitywnych przodkach w łańcuchu ewolucji, jak tego dowodził S. Freud. Kolektywna nieświadomość jest, według C.G. Junga, żyjącą, kreatywną macierzą [matrix] naszego świadomego i nieświadomego funkcjonowania, oraz esencjonalną i strukturalną podstawą naszego psychicznego życia.[43]

W tej podstawowej warstwie psychiki, pewne partykularne jej formy, mogą być względnie izolowane. Co to znaczy? Otóż niektóre z nich, są w swych przejawach porównywalne do wzorców zachowań zwierząt, czyli dynamicznie i formalnie determinują nasze emocje, imaginacje, uczucia i działania. Jako przykład, możemy tu podać typowe ludzkie reakcje w obliczu śmierci, albo wobec płci

---

M.L., von Franz, Psyche and Matter, SHAMBALA, Boston & London, 1992r.

[42] Synchroniczność, to pewien rodzaj koincydencji [zbieżności i zgodności] psychicznych i fizycznych zdarzeń w czasie, co do których ewentualny związek przyczynowo-skutkowy nie jest nawet do pomyślenia, powiązane sa natomiast ze sobą przyczynowo, przez ich identyczne znaczenia. Jung taką koincydencję nazywał z całą mocą "akauzalną" i podkreślał stanowczo brak jakiegokolwiek związku z tradycyjnie rozumianym związkiem przyczynowo-skutkowym, za: M.L. von Franz, Psyche and Matter, dz. cyt., i http://autodafe.salon24.pl/65103,kauzalizm-akauzalizm-i-synchronicznosc.

[43] M.L., von Franz, dz. cyt., s. 4.

przeciwnej, czy w przypadku zostania rodzicem, przywódcą, lub inicjowanym do wspólnoty[44], itd. - w tych, jak i w wielu innych typowych ludzkich sytuacjach, uaktywniają się właśnie wewnętrzne *archetypowe reakcje. Porównać je możemy z instynktami, i gdyż są podobne u wszystkich ludzi, a ponieważ pojawiają się one w ścisłym połączeniu z typowymi emocjami, a ich efekty zostają także włączone w sferę fizyczną.* Powszechnie wiadomo jest, że emocje takie jak lęk, wściekłość, miłość, entuzjazm, heroiczne uczucia itp., wywołują natychmiastowe fizjologiczne i chemiczne reakcje w ciele, takie jak przykładowo drżenie, gwałtowne pocenie się czy przyśpieszenie pulsu i akcji serca. Ponownie dochodzimy, więc do miejsca gdzie, to, *co psychiczne i fizyczne, ukazuje się nam, jako nierozdzielna całość...* M.L. von Franz, zwraca uwagę na to, iż, pomimo, że związek między materią a psychiką nie jest do końca wyjaśniony, nie możemy przymykać oczu na oczywisty fakt, że fizyczna kondycja cielesna wywiera wpływ na psychikę i odwrotnie, czysto mentalne koncepcje zmieniają *physis*[45]. Taki zwrotny wpływ znalazł swoje miejsce w opracowaniach naukowych z dziedziny medycyny psychosomatycznej.

Biorąc pod uwagę ten ścisły związek, jaki zachodzi miedzy typowymi reakcjami poznawczymi i emocjonalnymi, a reakcjami fizjologicznymi, C.G. Jung postawił wniosek, że centrum naszej psychiki przemieszcza się na skali, gdzie na jednym z jej krańców sytuują się stany zasadniczo związane z somatyką [instynkty, popędy, reakcje fizjologiczne], natomiast na drugim krańcu tej skali, umiejscowione są stany typowo zdeterminowane przez wzorce archetypowe [np., złowroga bestia ludzka, jako postać archetypowego Cienia, ideał kochanka czy kochanki, albo matki czy Boga].

Dla wyjaśnienia tej kwestii zatrzymajmy się na przykładzie macierzyństwa, które jest doświadczeniem, z jakim każdy maił w jakiś sposób bezpośrednio do czynienia czy to, będąc obiektem matczynych uczuć, jako dziecko, czy też, jako rodzic, albo obu tych rolach. Otóż w ścisłym powiązaniu z ciałem przejawiać się macierzyństwo będzie w postaci kobiety brzemiennej, rodzącej, która karmi i chroni swoje potomstwo. Jednak to samo karmienie, jako wyraz macierzyńskiej zasady opiekuńczej, które na poziomie somatycznym znajduje swój wyraz w laktacji, na poziomie archetypowym, objawi się, jako umiejętność dawania wsparcia innym, czy to przez dokarmianie ich w sensie emocjonalnym, czy też duchowym albo intelektualnym. Tak, więc umiejętne obejmowanie roli terapeuty/tki, kapłana/nki lub nauczyciela/lki, wymaga zaktywizowania w przestrzeni świadomości danej osoby, pozytywnych elementów archetypu Wielkiej Matki. Przejawy opiekuńczości w wymiarze archetypowym, mogą też znaleźć swój wyraz w zabieganiu o wprowadzenie praw socjalnych czy ubezpieczeń społecznych, zwłaszcza dla najsłabszych, którzy nie potrafią, z różnych powodów, sobie sami poradzić. Miłość do ciała i krwi istot spokrewnionych, tak szczególnie wiążąca się z macierzyństwem cielesnym, pojawia się w ideałach patriotyzmu jak również w nacjonalizmie. Żeńska zasada archetypowa *Hagia Sophia,* czyli Mądrość Boża, przeciwstawiana jest *Logosowi*, z jego

[44] Psychologia inicjacji, doczekała się dość szerokich badań i opracowań naukowych. W dziedzinie psychologii poznawczej.
[45] M.L., von Franz, dz. cyt., s. 6.

specyficzną dla męskiej zasady racjonalnej, skłonnością do intelektualizowania spraw Ducha, Uczuć i Materii.

C. G. Jung zdawał sobie sprawę, że te dwa bieguny: procesy somatyczne i archetypowe są elementami tej samej żywej, nieznanej rzeczywistości, i że są dwoma różnymi aspektami świadomości, pomimo, że ogólnie, cechuje nas skłonność do nazywania „materialnymi" sytuacji, kiedy jesteśmy dotknięci dominującym wpływem czynników fizycznych oraz wydarzeń świata zewnętrznego, natomiast, gdy jesteśmy poruszani przez fantazje, idee albo uczucia z płynące z naszego wnętrza, nazywamy to przejawami działania psychiki.[46] Stosując ten „kartezjańsko - newtonowski" podział, nie zastanawiamy się, dlaczego rzeczy tak się nam jawią. Żyjemy nawet w przekonaniu, że wszystkie ludy na ziemi, stosowały i stosują ten dualny model, jako rozumną kategorie interpretacji, tego, co doświadczane. Oczywiście wnioski płynące z dziedziny psychologii międzykulturowej, nie pozostawiają złudzeń, że takie przekonanie jest mylne.

Koncentrując się na badaniu kolektywnej nieświadomości, C.G. Jung doszedł do nieoczekiwanych i zaskakujących *powiązań pomiędzy modelami konceptualnymi psyche kolektywnej i fizyki kwantowej,* wskazując na oczywiste paralelizmy pomiędzy tymi dwoma dyscyplinami. Chociaż, jak zauważa M.L. von Franz, paralelizm nie zakłada, że przedmiot badań obu tych dyscyplin jest wprost taki sam, to mamy w nich do czynienia z zasadą komplementarności - w mikrofizyce, pojawia się ona w relacjach cząsteczkowo - falowych, a w psychologii pomiędzy zawartością świadomości i nieświadomości. Następna paralela między nimi, polega na konieczności włączenia „obserwatora" w sytuacje, kiedy badane są zachowania kwantowe i psychiczne. Usytuowanie „obserwatora" w przestrzeni zdarzenia wpływa, bowiem bezpośrednio, na to, co zostanie uchwycone i dalej poddane opisowi oraz interpretacji[47]. W obu tych dziedzinach, obserwator nie ma bezpośredniego, naocznego dostępu do badanej struktury, tak by móc namacalnie uchwycić jej substancję. O zjawiskach subatomowych czy psychicznych, możemy wydawać sądy jedynie na podstawie interpretacji poziomu energii, który badane zjawiska uaktywnia na tyle, aby stały się dostępne badaniu [w przeciwnym razie pozostaje jedynie prawdopodobieństwo ich zaistnienia].

Jak już to zostało powiedziane, właśnie przypadki synchroniczności, jeszcze w latach dwudziestych minionego wieku, skierowały uwagę C.G. Junga na trop trudnego do wyjaśnienia, za pomocą znanych teorii, związku pomiędzy materią a umysłem. Jakieś fantazje na jawie, nagłe przeczucia, sny, trudne do uzasadnienia emocje – czyli zjawiska przynależne zdecydowanie do sfery psychiki, w pewnych przypadkach, łączą się w „cudowny" sposób, z takimi wydarzeniami w rzeczywistości zewnętrznej, które odpowiadają swą treścią, temu, co ujawniło się w przestrzeni umysłu. Trudność, na jaką napotyka umysłowość człowieka Zachodu, w właściwym zrozumieniu fenomenów synchroniczności, zauważa M.L. von Franz, leży nie tyle w ich występowaniu, gdyż

---

[46] tamże.
[47] Na przykład w fizyce, w tym samym czasie, jeden z obserwatorów może, zależnie od swojego usytuowania w przestrzeni, postrzec to samo zjawisko, jako atom, a drugi jako falę.

każda osoba zdolna do introspekcji łatwo je rozpozna, ale raczej ich w fundamentalnej akceptacji w myśleniu naukowym. Nauka skłania się do traktowania ich, jako „pure chance". Te fenomeny stoją w konflikcie z naszymi przyjętymi z góry założeniami, że realność psychiczna jest „tylko subiektywnie doświadczalna", w odróżnieniu od materii, która jest „obiektywnie obecna w świecie zewnętrznym". Ten paradygmat przyjęty we współczesnej jest tylko wówczas poprawny, dodaje M.L. von Franz, kiedy zrównamy psychikę ze sferą świadomości ego. W sytuacjach, gdy kolektywna nieświadomość, rzeczywistość archetypowa zostają zaktywowane, tak jak to ma miejsce w nieprawdopodobnych doświadczeniach o charakterze psycho-fizycznym, oba te obszary – wewnątrzpsychiczny i świat zewnętrzny, łączą się ze sobą poprzez to, co w nich znaczące, i wydarzają się synchronicznie. Z jungowskiego punktu widzenia, najniższy, kolektywny poziom psychiczny jest po prostu czystą naturą, *która zawiera wszystko, także to, co nieznane [niewiadome], włącznie z materią". W tym preświadomym aspekcie obiekt jest odnaleziony, takim, jakim był, można rzec zawsze, u swych podstaw. Tylko w przypadku aktywacji tego poziomu ujawniają się zdarzenia synchronicznie powiązane*[48].

Poprzez zjawiska synchroniczne, manifestują się podobne struktury tego, co znaczące dla przebiegu doświadczenia rzeczywistości, które chce się ujawnić. Manifestowanie się synchroniczności, zarówno na poziomie nieświadomym jak i materialnym, pozwala nam dostrzec jedność istnienia, [o której mówili już alchemicy], niepodzieloną w procesie postrzegania, na dualność psyche i materii. W celu przybliżenia tego obrazu, niepodzielonego świata, C.G. Jung, użył terminu *unus mundus*, który to termin, zapożyczył od gnostyków, spadkobierców starożytnej wiedzy duchowej na Zachodzie.

W swym sednie, idea *unus mundus* zasadza się, jak twierdzi C. G. Jung, na założeniu, że *różnorodność empirycznego świata opiera się na ukrytej jedności, i dlatego nie ma w sensie fundamentalnym różnych światów istniejących obok siebie, albo mieszających się jeden z drugim. Raczej wszystko, co jest podzielone i różne należy do jednego i tego samego świata, który nie jest w istocie takim światem, jak odbierają go nasze zmysły, ale postulatem, którego prawdopodobieństwo jest potwierdzone, choćby przez fakt, że do tej pory nikt nie potrafił odkryć świata, w którym poznane prawa natury byłyby nieważne.*[49]

C.G. Jung, zwrócił uwagę na to, że wszystko, co pojawia się w psychice, wyraża naturę rzeczywistości, której częścią jest sam człowiek, jako podmiot, który świadomie postrzega to, co dane jest w doświadczeniu, ale jest też przedmiotem tego doświadczenia, szczególnie ze względu na swą zdolność do samoświadomości i autorefleksji[50].

Problem polega jednak na tym, o czym już zostało już wspomniane, że podobnie jak w fizyce subatomowej, proces nuklearny nie może być bezpośrednio obserwowany, tak samo treści

[48] M.L., von Franz, Psyche and Matter, dz. cyt. s. 15.
[49] C.G. Jung, Misterium coniunctionis, WROTA, Warszawa, 2001r, wersety 767 – 70.
[50] J. James, aby wyjaśnić te kwestię, wprowadził do psychologii pojęcie „ja poznającego" i „ja poznawanego".

nieświadomości kolektywnej niedostępne są naoczności. W obu przypadkach, esencjonalna natura badanych zjawisk, może być postrzeżona jedynie przez interferencje.[51] Ślady psyche nieświadomej, w sposób najbardziej dostępny, ukazują się w snach, gdzie przybierają formy dostępne rozumieniu i możliwe do dalszej interpretacji...[52] Natomiast w przestrzeni życia zbiorowego, nieświadomość kolektywna, w sposób oczywisty pojawia się w symbolach, rytuałach czy mitologiach oraz doktrynach religijnych, etnicznych i politycznych. Identyfikacja z pewnymi postaciami ze świętych ksiąg, czy zasadami, które są w nich zawarte, decyduje o tożsamości narodów. Przywiązanie do pewnych rytuałów, znaków, postaci boskich i historycznych czy pieśni albo miejsc lub przedmiotów, sprawia, że pewne grupy ludzi czują się z sobą zespolone nie tylko poznawczo, ale i emocjonalnie. Ta skłonność psychiczna bywa powodem do wzmocnienia ich wewnętrznej solidarności, choć zwykle, generuje równocześnie niechęć, do wszystkich, którzy poddają w wątpliwość, te „święte racje", i promują swoje„„jedynie słuszne" prawdy.

W ten sposób, archetypowa potrzeba ładu, jedności i sensu, zostaje wyprojektowana, w postaci pewnych reprezentacji symbolicznych w przestrzeń kultury, i obdarzona afektami, które zdają się za nic mieć rozum, który mówi o względnej wartości tych przywiązań do ich formalnych przejawów, które narzucają się z głębi nieświadomych kolektywnych dążeń duszy ludzkiej. W ostatnich latach, można odnieść wrażenie, że wszystkie uczucia religijne, związane z potrzebą sacrum u człowieka, zdają się być przekierowywane przez wpływowe ośrodki kulturotwórcze, na pieniądz i jego boską wszechmoc, co jest wyrazem specyficznego fanatyzmu naszych czasów. Towarzyszy temu, wyjątkowo szybko następujący proces dewaluacji tradycyjnych religii, a nawet ideologii świeckich, wyrazem, czego jest, na przykład, zacieranie się różnic w programach partyjnych.

Racjonalność w spiralnej dynamice rozwoju świadomości

Wracając do kwestii racjonalności, to w kontekście idei *unus mundus*, został opracowany pewien *model dynamiki spiralnej rozwoju świadomości* ludzkiej, którego autorami są Clare Graves, oraz kontynuatorzy jej dzieła, Don Beck i Christopher Cowan[53]. Ci dwaj ostatni, wykorzystywali ten model, biorąc udział w pracach, które położyły kres apartheidowi w RPA [przynajmniej na jakiś czas, gdyż była to, ostatecznie zdradzona rewolucja], poza tym testowano go, na ponad 50 tysiącach ludzi w różnych częściach świata, i nie stwierdzono zasadniczych odstępstw, od zawartego w nim schematu.[54] W modelu tym uwidacznia się synchroniczność zmian zachodzących w rozwoju kultury i cywilizacji. Przykładowo, ludy mające świadomość magiczno – animistyczną, mogą trwać w tym stanie przez tysiące lat, i nie wyjdą w polityce, poza wspólnoty plemienno – szczepowe, oraz nie są zainteresowane

---

[51] **Interferencja** (łac. *inter* – między + *ferre* – nieść) – zjawisko powstawania nowego, przestrzennego rozkładu amplitudy fali (wzmocnienia i wygaszenia) w wyniku nakładania się (superpozycji) dwóch lub więcej fal. Warunkiem interferencji fal jest ich spójność, czyli korelacja faz, amplitudy i częstotliwości. Za: Wikipedia
[52] M.L., von Franz, dz. cyt. s.8.
[53] K. Wilber, Integralna teoria wszystkiego. Wizja dla biznesu, polityki, nauki i duchowości, ZYSK I SKA, Poznań, 2006, s. 25
[54] tamże, s. 24.

budową maszyn. Po prostu, ten poziom świadomości, nie generuje imperiów, królestw czy państw oraz technologii, bez względu na to, czy mamy z nim do czynienia u Kazachów, Indian czy Skandynawów.

Z badań C. Graves i in., wynika, że kierunek zmian w rozwoju świadomości Człowieka, jest podobny u różnych ludów. Może to tłumaczy fakt dużego zainteresowania, tak zwanych narodów Trzeciego Świata, nowinkami technologicznymi Zachodu. Narody zamieszkujące Azję, Afrykę, czy Amerykę Południową, inspirują też ideały demokracji, wolności jednostki, suwerenności ludu, upowszechnienia edukacji, równości kobiet i mężczyzn – tego im nie trzeba narzucać siłą, jakby pewna archetypowa matryca uruchamiała te schematy ewolucyjne, by każdy naród i każda jednostka, *na swój sposób*, mogły je opracować i urzeczywistnić. W kontekście zaproponowanego tu modelu, możemy lepiej zrozumieć, ową swoistą unimorfizację kierunku dążeń ludzkiej Jaźni. Wzorzec zmienności, z jakim mamy tu do czynienia, można ująć, jako przejście istot ludzkich, od bycia kierowanymi przez wrodzone czynniki naturalne, takie jak instynkty i popędy, poprzez fazę jaźni egocentrycznej [ja i moje], socjocentrycznej [my i nasze], do jaźni światocentrycznej, obejmującej swym zasięgiem, wielką sieć egzystencji.

Przedstawię w skrótowej formie, za autorami tego modelu, poszczególne poziomy, zwane też memami, tworzące *dynamiczną spiralę*, tak jak się one pojawiają współcześnie, w światowej populacji, oraz ich udział we władzy. Następnie omówimy bardziej szczegółowo, te najwyższe z nich, do których ludzkość z wolna dojrzewa, by zakończyć tym samym nasze studium ☺

Pierwsze sześć, to „poziomy istnienia", które cechuje, tzw. myślenie I rzędu. Potem, według C. Graves, występuje rewolucyjny skok świadomości, i pojawiają się poziomy bycia i myślenia II rzędu, na które składają się dwie główne fale.

Pierwsze meme, zaznaczone, jako beżowe, to poziom *archaiczno – instynktowy*, gdzie poszczególne indywidua, poruszane są przez wrodzone wzorce reakcji i popędy; grupują się, by podwyższyć swoje szansę przetrwania, oraz w celach reprodukcyjnych; jest to poziom podstawowego przetrwania; nie występuje tu jeszcze rozbudzona, trwała jaźni. Tę świadomość napotykamy u noworodków, u ludów prehistorycznych, w przypadku chorych na Alzheimera i dolegliwości o podobnym, depersonalizującym profilu, a także u ludzi głodujących, torturowanych, których wszystkie siły życiowe, wystarczają ledwie na przetrwanie. Na tym stadium rozwoju, znajduje się obecnie ok. 0,1 % dorosłej populacji, i dysponuje ona zerową władzą, [można by dodać, tym lepiej dla ludzkości].

Drugi poziom, oznaczony został, jako *purpurowy, magiczno – animistyczny.* Mamy tu już do czynienia, z wykształceniem funkcji „ja", które to „ja" symbiotycznie połączone jest z tożsamością grupy przynależnościowej. W tym zasięgu, napotykamy głównie ludzi żyjących w szczepach, o wspólnym pochodzeniu, a także takich, którzy identyfikują siebie przez związek z gangiem, drużyną sportową, czy zespołem korporacyjnym. Mamy tu do czynienia, z bogobojną wiernością jednostki, wobec zasad i rytuałów życia zbiorowego, a także z myśleniem magicznym i przesądami; czcią otaczane są tu totemy, barwy klubowe, logo firmy, święte miejsca, gaje itp., wokół których jednoczy się szczep, czy inna grupa o tym charakterze; za normę uchodzą tu przysięgi wierności, vendetta, rzucanie czarów; Na tym etapie świadomości, funkcjonuje obecnie, ok. 10 % populacji, i dysponuje 1% władzy, co dowodzi, że mamy powody do radości, ze względu na stopień zaawansowania rozwoju gatunku.

Trzeci poziom, czerwony, to *bóstwa obdarzone mocą*. W polu świadomości pojawia się „ja indywidualne", bardzo egocentryczne, ale zdolne posługiwać się swoją wolą. Jaźń, na tym poziomie świadomości jest impulsywna, przekonana o swej heroicznej mocy. Gdy zbiorowość zdominowana zostaje, przez tę fale istnienia, ujawniają się takie archetypowe postacie, jak bohaterowie walczący z potworami, bogowie i boginie o ponadnaturalnych zdolnościach, którzy decydują o losach świata. Pan feudalny, to wcielenie takiej pełnej władzy istoty. Jest łaskawym opiekunem ludu i rycerzem otoczonym chwałą swych czynów [za pieśni chwały, na swój temat, płaci bardom]. Poddanych nagradza i karze, wedle swego uznania. Przez jego wolę przemawia, w ogólnym mniemaniu, racja woli bożej. Pojawiają się władcy królewscy, panujący nad imperiami. Na tym poziomie świadomości, nie wcześniej, możliwe jest cesarstwo, zbudowane na systemie feudalnych zależności. Podbój i dominacja, oraz zasada „dziel i rządź", brak skrupułów wobec słabości, organizują rozumność społecznych relacji. W naszych czasach, w takie heroiczne postacie wcielają się czasem gwiazdy rocka, przywódcy mafii. Nastawienie to spotykamy u 20% populacji, która skupia 5% władzy.

Czwarty etap rozwoju świadomości, niebieski, *mityczny*, cechuje pojawienie się kodeksów, określających zasady dobra i zła - na przykład Dekalog Mojżesza czy prawodawstwo Hammurabiego. Już nie tylko siła fizyczna, określa granice woli jednostki, ale określa je też, siła zasad, ujętych z czasem w systemy prawne, które legitymuje sam Bóg, gdyż w zakresie świadomości ludzkiej, pojawia się też monoteizm. Abstrakcyjna postać Boga Jedynego, który jest wszechobecny i wszechwładny, zainteresowany nagradzaniem i karaniem ludzi, za ich codzienne postępki, wypiera antropomorficzne panteony bóstw, które można było obłaskawić ofiarą z tłustej kury czy worka soli.

Kontrola zewnętrzna, wzmocniona zostaje, przez rozbudzenie zdolności do samooceny, gdyż jednostka może porównywać już swoje uczynki z idealnymi zasadami, które weszły do obiegu w kolektywnej świadomości. Powoduje to wzrost poczucia winy, i potrzebę pokuty, w przypadku odkrycia uchybień wobec przykazań, których wymogi, zostają uwewnętrznione w końcu, przez społeczeństwa i jednostki, jako część ich tożsamości. O ile, do tej pory, kradzież kozy wykluczał strach przed pobiciem przez sąsiada, lub wstyd, to teraz, wyklucza ją lęk, przed własnym sumieniem. Kontrola zewnętrzna, zostaje zastąpiona w znacznej mierze, przez system kontroli wewnętrznej. Wstyd wobec innych, zostaje zastąpiony przez samooskarżanie za popełnione uczynki, nawet, gdy nikt o nich nie wie, jak tylko ich autor. Jest to nieznana na poprzednich poziomach świadomości, zdolność. Dominują sztywne hierarchie społeczne, paternalizm, „jedynie słuszny" sposób myślenia, patriotyzm. Prawo, porządek, posłuszeństwo wobec władzy, kościoła, z czasem idea państwa narodowego.

Stadium to, charakterystyczne było dla purytańskiej Ameryki, konfucjańskich Chin, wiktoriańskiej Anglii itp. Ten poziom reprezentuje obecnie 40% populacji, która skupia, około 30% władzy.

Piątą falę, nazwaną pomarańczową, charakteryzuje owładnięcie świadomości przez *dokonania naukowe*. Człowiek staje się zdolny, do podejmowania indywidualnych, niezależnych, decyzji, wynikających z jego osobistych badań, dociekań, i sądów. Uwalnia się od dominacji autorytetów kościelnych i środowiskowych. Przestrzeń kultury ulega laicyzacji. Urzeczywistnieniem racjonalności jest paradygmat kartezjańsko – newtonowski, omówiony przez nas już wcześniej. Świat, z tej perspektywy, jawi się, jako dobrze naoliwiona maszyna, która podlega prawom: można je poznać, opanować i manipulować nimi dla własnych zysków. Nastawienie na sukces osobisty, mierzalny w zyskach finansowych i władzy nad innymi [nie sobą, gdyż na tej fali można pofolgować własnym zachciankom, do granic zasobów portfela]. Polityką, ekonomią i ogólnie losem ludzkim rządzić mają prawa nauki. Rzeczywistość społeczna, postrzegana jest jak szachownica, na której gracze toczą rozgrywki o zwycięstwo. Alianse rynkowe, manipulowanie zasobami Ziemi dla własnych strategicznych celów, to podstawowa działalność, tak zwanych *państw korporacyjnych*. Stadium to zainicjowane zostało w epoce zachodniego Oświecenia; łączy się z liberalizmem, kapitalizmem, zaostrzeniem polityki kolonialnej; wyłaniają się, nieznane dotąd klasy społeczne, takie jak burżuazja, proletariat, potem inteligencja i klasa średnia, zanika arystokracja oraz stan szlachecki i chłopski; Inne odkrycia tego poziomu, to industrializm, technokracja; wielkie rewolucje i wojny światowe; broń nuklearna; świecki humanizm; prawa kobiet, globalna wioska. 30% populacji znajduje się na tym etapie rozwoju i dysponuje 50% władzy. Najlepszy wynik w tej konkurencji!

Szósty, ostatni, w I rzędzie, poziom, oznaczony kolorem zielonym, charakteryzuje *jaźń wrażliwą*. Ta fala świadomości sprzyja zrzeszaniu się, ochronie środowiska naturalnego, tworzeniu wspólnot, egalitaryzmowi, z wyraźnym sprzeciwem wobec hierarchii z nastawieniem na empatyczne zrozumienie „innego"; sprzeciw wobec pomarańczowego dogmatyzmu w nauce. Kluczem zrozumienia zielonej świadomości jest postmodernizm, z jego pluralizmem i relatywizmem. Skutkiem tego, jest skłonność do wybujałego indywidualizmu – gdyż każdy ma tu prawo do akcentowania swojego stanowiska, jako równorzędnie ważnego z innymi, co wiedzie ostatecznie do wielu nieporozumień z niekończącymi się debatami, w poszukiwaniu konsensusu; ożywienie duchowości, w drodze poszukiwań osobistych; podmiotowe, nieliniowe myślenie, cechuje większe nasycenie afektywnym ciepłem, wrażliwością i troską o planetę i jej mieszkańców. Znaczący wpływ na zieloną świadomość mają ekopsychologia, zagadnienia praw człowieka, włączenie w sferę publiczną różnego typu mniejszości, dotąd marginalizowanych; wegetarianizm i próby otoczenia zwierząt opieką prawną, chroniącą je przed szczególnym okrucieństwem ze strony ludzi. Poziom ten skupia 10%populacji i 15% władzy.

Dynamika fal świadomości, rozwija się w ten sposób, że każda wyższa fala, przekracza, ale i zawiera w sobie znaczenia niższej fali [jak w cebuli]. Osoby czy społeczności, które osiągnęły meme zielone, zawsze mogą zaktywizować elementy meme beżowego, na przykład, gdy na skutek jakiejś katastrofy, musza skupić się tylko na programie przetrwania trudnych chwil, albo porywają ich emocje igrzysk sportowych, na czerwono. Regresja do minionych poziomów świadomości zawsze jest możliwa, i następuje dość łatwo. Natomiast beżowe meme, nie wzniesie się znienacka, do zielonego, nawet, gdyby to było, w danej chwili bardzo korzystne, gdyż nowe umiejętności, wymagają pewnych doświadczeń, które rozwiną nieznane jeszcze obszary świadomości. Jak już zostało tu powiedziane, przed wyłonieniem się jaźni indywidualnej, ludzie skupiają się we wspólnotach plemiennych, państwowość jest im obca. Zbyt duża wioska dzieli się z czasem na dwie mniejsze, a przedstawiciele grup podbitych są, na przykład, zjadani, co ujdzie też jeszcze na poziomie purpurowym, ale nie wyżej. Fascynacja sztywnymi strukturami hierarchicznymi załamuje się na zielonym meme, podobnie jak przemoc, która w świadomości II rzędu już się nie pojawi, gdyż wyżej rozwiniętym istotom jest niemiła, choć znana, zgodnie z prawem „przekraczania, zawierania".

Po osiągnięciu memu zielonego, według C. Graves, świadomość ludzka osiąga gotowość do jakościowego skoku, dzięki któremu, zacznie posługiwać się racjonalnością II rzędu. C. Grave, twierdzi, że jest to „najistotniejszy sus" ewolucyjny, którym zostanie pokonana przepaść, niewiarygodnej głębi znaczenia. Najbardziej istotną cechą świadomości II rzędu jest umiejętność rozumowania w dwóch płaszczyznach: horyzontalnej i wertykalnej. Wiąże się z tym, zdolność posługiwania się porządkami hierarchicznymi, jak też *heterarchicznym*. Przez heterarchie, rozumie się tutaj, umiejętność dokonywania rankingu opisanych powyżej poziomów, jak też, łączenia ich wymiarów, zależnie od potrzeb sytuacji.[55] Daje to szansę na właściwe docenienie spirali rozwoju świadomości, w jej pełni, gdyż dopiero z tej perspektywy patrząc, można dostrzec współzależność poszczególnych fal rozwojowych, tworzących jedność Wielkiej Spirali Istnienia.

Właśnie świadomość II rzędu, pozwala na objęcie wszystkich niższych poziomów rozwoju, i nie generuje konieczności utożsamiania z którymkolwiek z nich na wyłączność, co jest charakterystyczne dla meme I rzędu, gdzie zdolność identyfikacji ogranicza się tylko do jednego poziomu, rodząc dystans, a nawet pogardę do pozostałych. Powoduje to niemożność uchwycenia zasobów pozostałych fal istnienia, które są nieodzowne do podtrzymania całości. Przekraczanie, bowiem, zawsze oznacza zawieranie w sobie, tego, co przekroczone. W psychoterapii indywidualnej, a także grupowej, zawsze spotkamy ten zaskakujący, nierównomierny rozwój indywiduum jednostkowego czy zbiorowego, gdzie nawet przy najbardziej subtelnych cechach, wypłyną najniższe dążenia, które mogą zrujnować najlepiej zapowiadające się plany życiowe.

K. Wilber zaznacza, że, podczas gdy poziom zielony dopiero zaczyna pojmować rozliczne i różnorodne systemy i pluralistyczne konteksty, które dostrzega w różnych kulturach, myślenie II rzędu idzie o krok naprzód. Uwzględnia bogate konteksty i łączy pluralistyczne systemy, scalając je w

---

[55] K. Wilber, dz. cyt., s. 32.

holistyczne spirale i integralne sieci. Innymi słowy, ***racjonalność drugiego rzędu, to przechodzenie od relatywizmu do holizmu, lub od pluralizmu do integralizmu.***[56]

Poziom siódmy, żółty, *integrujący*. Oprócz tego, co już zostało powidzanie powyżej, odnajdziemy tu umiejętność uzupełniania egalitaryzmu, naturalnym rankingiem doskonałości. Naturalnym, to znaczy, niewynikającym ze sztywnych ocen i prawnych definicji, ale dopasowanych do czasu, miejsca i zdolności, jakimi dysponuje jednostka, czy zbiorowość. Wiedza i kompetencja, zastępują tradycyjne struktury władzy i statusu, [ale nie w takim sensie jak w przypadku znanej nam merytokracji]. Obok siebie współistnieją społeczności, na różnych poziomach istnienia, i tworzą współzależne, „zagnieżdżone" hierarchie w porządku światowym. Poziom żółty reprezentuje 1% populacji, z 5% władzy.

Ósme, turkusowe meme, nazwane zostało *uniwersalnym systemem holistycznym*. Na tym poziomie uczucie jednoczy się z intelektem; różne poziomy splecione są z sobą w jeden system świadomości - Wielka Unifikacja, dokonuje się w teorii i w praktyce. Wyodrębnić się tu może duchowość, jako sieć, obejmująca całość egzystencji [kolektywna iluminacja, która w pewnym zakresie pojawiła się wśród niektórych wyznawców Chrystusa czy Buddy]; rozumowanie turkusowe, wykrywa mistyczne, harmoniczne stany przepływu świadomości, przenikające całą społeczność i jej struktury. Tak doniosłą doskonałość, mogli przeczuwać prorocy, przepowiadający Nowe Jeruzalem czy Miasta Słońca. Umiejętności, z tego poziomu, A. Mindell, przypisuje „starszyźnie", czyli ludziom, potrafiącym wychodzić swą świadomością poza proste uwarunkowania kulturowe i bieżące sytuacyjne, ukazując grupie znaczenie procesu, jaki się wydarza z jej udziałem. W populacji rozpoznano 0,1% osób na tym poziomie, które dysponują 1% władzy.

W perspektywie dokonanych przez nas badań, musimy wysnuć wniosek, że *pojęcie tego, co racjonalne, zależy od przyjętych paradygmatów sensu, jakimi operuje dana kultura, te natomiast, uwarunkowane są poziomem świadomości jednostek i zbiorowości, tworzących poszczególne społeczeństwa.*

Zdarzają się postacie, których odkrycia prowokują skokowe zmiany wzorców racjonalności, czasem zaś, tak zwany, Duch Czasu prowokuje poszczególne jednostki, do rozwinięcia badań, które wygenerują transgresje. Z jaka sytuacja mamy do czynienia obecnie, w drugiej dekadzie XXI wieku? Trudno nie zauważyć nasilającej się tendencji do zmiany paradygmatycznej w kierunku odejścia od dualizmu i polaryzacji, ku widzeniu jedności bytu, w tym, zjednoczenia ludzkości, ale już nie przez podbój militarny czy ekonomiczny, ale przez Inteligentny Emocjonalnie Rozum, jako kategorie centralną, wolną od uprzedzeń i ograniczeń wzrostu, który żąda od nas jedynie, byśmy złożyli w ofierze nasz egoizm, czy to dużo…? Bądźmy realistami – bardzo dużo, w I rzędzie świadomości.

Czy rozwój spirali bycia i istnienia trwale można powstrzymać? Doświadczenia wieków minionych wskazują, że nie jest to możliwe. Zmianom świadomościowym towarzyszą synchroniczne

---

[56] dz. cyt., s. 33.

zmiany w relacjach człowieka ze światem materialnym. Rozwój Internetu, skurczył Ziemię i przyśpieszył niepomiernie doświadczanie przepływu czasu. Kolejne wynalazki technologiczne, mogą uczynić nasze życie jeszcze bardzie zanurzonym w wirtualnej matrix, gdzie wygenerowane w cyfrowym strumieniu obrazy, i przekazy informacji będą formatować tożsamość przyszłych pokoleń. Model C. Graves, napawa optymizmem, i nie zamyka horyzontu rozwoju Jaźni, w przestrzeni wirtualnych „gier". Podobnie C.G. Jung, twierdził, że zmierzamy do rozpoznania i unifikacji nieświadomych struktur archetypowych, które określają wzorce nieograniczonego procesu rozwoju Jaźni. Jak ostatecznie wypadniemy w tej drodze ku zjednoczeniu zasady Ducha i Materii? Ale czy ktoś mówił, że Wielka Sieć Życia gdzieś się ostatecznie kończy?

O WSPÓŁISTNIENIU MATERII I ŚWIADOMOŚCI ORAZ O MOŻLIWOŚCIACH SAMOTRANSCENDENCJI W NAUKACH SPOŁECZNYCH

99, 9999 procent atomu to pusta przestrzeń, materia jaką znamy, istnieje tylko w umyśle.

Hans Peter Durr, Max Planck Institut[57]

Historia XX wieku, jak też wydarzenia ostatnich kilkunastu minionych lat, kształtujące zaranie nowego milenium, wskazują na to, że problemy z jakimi boryka się ludzkość w dobie rozwoju nauk szczegółowych, dotyczących człowieka i jego świata, nie tylko nie uległy rozwiązaniu, ale wręcz przybrały na sile...Czy to nie zastanawiające, że ilość projektów badawczych z zakresu nauk społecznych w skali globalnej wzrasta niemalże wprost proporcjonalnie do ilości wzbierających fal kryzysów, które wynikają z decyzji podjętych przez ludzi, odnośnie przestrzeni ich własnego życia? Żadna epidemia ani klęska żywiołowa nie pochłonęła tyle istnień, i nie splądrowała w takim stopniu środowiska naturalnego Ziemi, jak wykorzystanie przez człowieka wysokich technologii, do wdrażania jego marzeń o panowaniu nad przyrodą oraz dominacji politycznej i ekonomicznej.

Komu więc i czemu służy wiedza naukowa, a także system edukacyjny oraz jego projektanci? Jeżeli to racja zysku i władzy nielicznych ma stać *nad* racją rozumu i dobrostanem większości, powiedzmy sobie to wprost, gdyż łatwiej nam będzie wtedy ponazywać, co autentycznie wydarza się wokół programowania zbiorowej świadomości, i zrozumieć cel oraz znaczenie tego procesu. Czy naukowiec służy przede wszystkim swojemu sponsorowi, zgodnie z zasadą „pokaż mi wyniki swoich badań, a powiem ci, dla kogo pracujesz"? I wreszcie, *czy możemy rozwiązać nasze problemy, które sprawiają, że jako gatunek lawirujemy na pograniczu samounicestwienia, w ramach paradygmatu poznawczego, który tę sytuację wygenerował?*

Relacje pomiędzy materią i świadomością, oraz próba spojrzenia na rzeczywistość społeczną i jej naukowe rozumienie, z punktu widzenia wniosków wypływających z ostatnich odkryć w tej dziedzinie, stanowią zasadnicza tematykę niniejszego studium.

Materia i świadomość a fizyka mikroświata

Nowoczesny światopogląd, leżący u podstaw myślenia w obrębie kultury zachodniej, charakteryzuje nie wprost wypowiedziane, ale uznane za oczywiste założenie, iż istnieje podział pomiędzy obiektywnym, fizycznym wymiarem egzystencji a jej wymiarem subiektywnym, psychicznym. To przekonanie, związane jest bezpośrednio z nawykowo utrwalonym przez nas sposobem interpretowania spostrzeżeń wynikających z naszych doznań zmysłowych, emocjonalnych,

[57] Więcej na ten temat: Quantum Theory and Creativity, wykład prof. H.P. Durr dostępny w: http://www.youtube.com/watch?v=rFTuI0G0hh8.

albo z intelektualnej refleksji, i stanowi bez wątpienia jedną z fundamentalnych zasad, kształtujących współczesne naukowe podejście badawcze oraz wzorzec, w oparciu o który formowana jest społecznie uzgadniana rzeczywistości. Drugi podział, który zdawał się nie ulegać wątpliwości wynikał z zauroczenia wizją, że spoglądamy na zjawiska i rzeczy tego świata z pozycji neutralnego obserwatora, w świadomości którego, niczym w zwierciadle, odbija się to, na co on spogląda, niezależnie od jego ograniczonych zdolności percepcyjno – poznawczych. Ulegliśmy zachwytowi nad swoimi możliwościami prowadzenia obiektywnych obserwacji oraz ich interpretacji, sytuując się tym samym w miejscu transcendentnego boga, który dysponuje możliwością niezależnego oglądu tego, co pojawia się w stworzeniu. Z takiej to właśnie pozycji spogląda laborant czy lekarz, gdy diagnozuje obiekt swych badań, nie poddając refleksji, w jakim stopniu sam jest wbudowany w te sytuacje, wchodząc w swoją rolę napisaną przez wierzenia epoki i osobiste tendencje, oczekiwania czy obawy.. Jednakże, jeszcze w pierwszej połowie minionego stulecia powyższe przekonania, musiały ugiąć się pod naciskiem rewelacyjnych odkryć z dziedziny fizyki kwantowej oraz psychologii nieświadomości, co sprowokowało debatę dotyczącą metod i teorii poznania, oraz zasadniczych rozstrzygnięć w sferze ontologii, która trwa do tej pory. W naukach społecznych, i co nie mniej istotne, a z tym związane bezpośrednio, w praktyce życia politycznego zwłaszcza, te nowe wglądy nie znalazły szczególnego zastosowania.

Dominacja nowoczesnego materializmu, z jego twierdzeniem, że świadomość jest epifenomenem mózgu, które to twierdzenie zostało zaszczepione w zbiorowej świadomości na podobieństwo dogmatu wiary, wynika teoretycznej i praktycznej siły oddziaływania klasycznej fizyki newtonowskiej. Zgodnie z jej założeniami, na rzeczywistość składa się niezmienna, stała i pasywna przestrzeń, zawierająca materialne cząsteczki oraz obiekty, których ruch w czasie jest zdeterminowany przez prawa matematyczne, w konsekwencji czego, zjawiska mentalne nie mogą być niczym więcej niż kompleksem funkcji materialnego mózgu, zarządzanego fizycznymi prawami. W XX wieku nowoczesny materialistyczny światopogląd, został wystawiony na próbę na skutek rozwoju nauki, a przede wszystkim fizyki. Teoria względności oraz rozszczepienie atomu, podważyły wiarygodność newtonowskiego modelu świata, który niczym zbudowana przez Wielkiego Architekta mega-machina, miał składać się z wymienialnych elementów, o przewidywalnym zakresie funkcji, których kierunek i cel działania można było poddać kontroli dzięki metodycznym pomiarom, wyliczeniom[58]. W momencie najwyższego wzrostu wiary w to, że wystarczy świat rozebrać na części i poddać analizie poszczególne jego fragmenty, żeby zrozumieć całość, okazało się, że ten trop był zwodnicza fikcją o bardzo ograniczonym zasięgu wyjaśniania, a w medycynie, polityce i ekologii doprowadził do straszliwego *spustoszenia życia.* Planowane, wielkie rewolucje polityczne miały uzdrowić społeczeństwo siłą woli totalitarnych reżimów, posiłkujących się naukowym materializmem o

[58] Zasadniczo żywe organizmy różnią się od maszyn [nawet tych najbardziej inteligentnych] tym, że one wzrastają w wymiarze fizycznym i psychologicznym, metabolizują i reprodukują się samodzielnie oraz ewoluują w sferze świadomości, natomiast maszyna jest wyprodukowana według z góry założonego celu, i będąc gotową do użytku zostaje uruchomiona, by realizować zakodowane jej funkcje.

komunistycznym czy faszystowskim profilu – nie uzdrowiły, z resztą podobnie jak nie uzdrawia neoliberalna ideologia, z centralną figurą mityczną *''zysku''*, jako ostatecznego celu, do którego powinniśmy zmierzać olśnieni propagandą zbawienia przez ofiarną pracę na rzecz technostruktury, i żarłoczną konsumpcję jej wytworów.

Teoria względności wymusiła na fizyce rewizję jej podstawowych założeń, dotyczących czasu absolutnego i przestrzeni[59], ruchu, grawitacji, materii oraz energii. *Teoria kwantowa* zaś, sprowokowała konieczność przedefiniowania koncepcji przyczynowości, determinizmu i lokalności oraz materii jako substancji trwałej, istniejącej w sposób obiektywny, niezależny od obserwatora. Na skutek pojawienia się tych nowych danych, niektórzy fizycy w XX wieku, zaczęli brać pod uwagę, że psychika człowieka, sam jego sposób percepcji rzeczywistości może być zaangażowany w rezultaty badań przeprowadzanych w kontrolowanych warunkach laboratoryjnych.

Z osobami Wernera Heisenberga i jego mistrza Nielsa Bohra, związana jest, przełomowa we współczesnej fizyce kwantowej *interpretacja kopenhaska* [1950]. Kładzie ona nacisk na zasadę przyczynowości lokalnej kosztem zakwestionowania obiektywnego istnienia mikroświata. Zgodnie z tym stanowiskiem, rzeczywistość nie istnieje dopóki jej nie spostrzegamy. W. Heisenberg i N. Bohr, zauważyli, że zależnie od zestawienia sytuacji eksperymentalnej ukazują się nam odmienne, komplementarne aspekty tej rzeczywistości. *To właśnie fakt obserwacji zaburza nienaruszoną całość wszechświata i powoduje paradoksy. Chwilowe doświadczenie rzeczywistości wcale nie okaże się paradoksalne. Paradoks pojawia się wyłącznie wówczas, gdy obserwator usiłuje odtworzyć przeszłość własnego spostrzegania. Dzieje się tak, ponieważ nie ma zdecydowanej linii podziału między nami a rzeczywistością, która widzimy jakby istniała na zewnątrz nas samych. Rzeczywistość tworzona jest przez akty psychiczne i zależy od wyboru tego, co obserwujemy oraz w jaki sposób to robimy.*[60] W. Heisenberg, zauważył też, że istniejące koncepcje naukowe obejmują zawsze tylko bardzo ograniczoną część rzeczywistości, natomiast ta część, której jeszcze nie rozumiemy jest nieskończona. Jakkolwiek byśmy nie podążali od poznanego ku nieznanemu możemy mieć nadzieję, że zrozumiemy, ale w tym samym czasie możemy nauczyć *się nowego znaczenia słowa „zrozumienie''*[61]. Według W. Heisenberga, współczesne odkrycia oraz interpretacje zjawisk mikroświata niewiele mają wspólnego z prawdziwie materialistyczną filozofią, co więcej fizyka kwantowa sprowadziła naukę z drogi materializmu, tak jak fizyka newtonowska, na tę drogę ją pokierowała[62].

---

[59] Z teorii względności A. Einsteina wynika, że upływ czasu nie jest ani jednostajny, ani zawsze jednakowy, jak to było w modelu I. Newtona, ale zależy od położenia obserwatorów i ich względnej prędkości w stosunku do obserwowanego zdarzenia, a na samą czasoprzestrzeń oddziałuje obecność w niej obiektów masowych. Sama struktura czasoprzestrzeni zależy od rozmieszczenia materii, a rozróżnienie miedzy materia a pusta przestrzenią straciło na znaczeniu.

[60] S. Grof, Poza mózg, Wydawnictwo A, Kraków, 1999 .

[61] Heisenberg W., Physics and Philosofy. The Resolution In Modern Science, Harper and Row: New York, 1962, w: Th. J., McFarlane, Quantum Physics, Depth Psychology, and Beyond, w: www.integralscience.org, February 26, 2000 revised June 21, 2000.

[62] Heisenberg W., Fizyka a filozofia, Książka i Wiedza, 1965.

John Hagelin, *twórca teorii zjednoczonego pola,* [superstrun] SU5, w udzielonym ostatnio wywiadzie[63] stwierdził, że może, odpowiedzieć na pytanie dotyczące natury świadomości, bazując na wnioskach płynących z jego wieloletnich badań. Według niego, ostatnim ćwierćwieczu dokonał się duży progres w naszym rozumieniu Wszechświata, co doprowadziło do ujawnienia pewnych głębokich poziomów praw natury, poczynając od rozmiarów makroskopowych, dotyczących przestrzeni kosmicznej, do mikroskopowych, z teorią strun włącznie. Można rzec, twierdzi J. Hagelin, że odkryliśmy podstawy bytu – powszechne pole inteligencji uniwersum, które jednoczy grawitacje z elektromagnetyzmem, a światło z radioaktywnością oraz siłą nuklearną. Z tej perspektywy wszystkie siły natury, wszystkie tak zwane cząsteczki subatomowe: kwarki leptony, nukleony, protony, neutrony, rozumie się teraz, jako jedność, gdyż są one wszystkie niczym fale na jednym oceanie egzystencji, który języku nauk ścisłych nazwany został zjednoczonym polem, albo polem superstrun. Według J. Hagelina, *To pole nie ma natury materialnej, ale ostatecznie jest polem świadomości, a wszystkie indywidualne pola świadomości zjednoczone są w tej uniwersalnej podstawie, i z niej wynikają.* Planety, drzewa, ludzie, zwierzęta są tylko falami wibracji zjednoczonego pola superstrun. *Zatem, z tej perspektywy patrząc, jesteśmy rdzeniowo zjednoczeni, a ostateczne rozumienie, które się z tego wyłania, będzie mówiło, że istnieje tylko jedna świadomość.* Jest to „ty" i „ja", i jest to „każdy z nas". J. Hagelin dodaje, że pomimo, iż świadomości indywidualizuje się przy użyciu filtrów zwanych systemem nerwowym, nasza wewnętrzna subiektywność, „ja" w większym znaczeniu, ma charakter uniwersalny.

J. Hagelin, zwraca również uwagę na to, że fizyka kwantowa, nawet na poziomie subnuklearnym nie posługuje się już pojęciem „cząstki", ale pojęciem *funkcji falowej*, która jest technicznie rzecz ujmując wektorem w przestrzeni liniowej, natomiast „zrobiona jest" z tego samego materiału, co myśl we wszechświecie konceptualnym. Podkreśla on, że fizyka kwantowa, w swej istocie, jest po prostu grą ukazująca potencjalności, z czego wysuwa wniosek, że im głębiej wchodzimy w strukturę praw natury, tym mniej materialny i mniej martwy jest wszechświat. Gdy sięgasz do podstaw źródłowych wszechświata, staje się on bardziej świadomy. Według J. Hagelina pole superstrun jest po prostu polem czystego bycia, i w istocie jest czystą inteligencją, gdyż jest to źródło wszystkich praw natury na wszystkich poziomach we wszechświecie, oraz wszystkich sił, które je organizują. *Ta najbardziej skoncentrowana inteligencja w naturze jest niematerialna, dynamiczna i samoświadoma. Pole superstrun, nie jest światem elektronów, ale oceanem abstrakcyjnej, potencjalnej egzystencji – i właśnie z tego jesteśmy zbudowani w podstawie!!* J. Hagelin, doszedł do wniosku, po latach spędzonych w labolatoriach najwyższej, światowej klasy[64] że im ściślej fizyka chce uchwycić rzeczywistość materialną, aby zrozumieć z czego w podstawie wykonane są budulce życia, tym bardziej wszechświat przecieka jej przez palce, i dochodzi ona do abstrakcyjnego „bycia", czystej

[63] Wykład pt."Świadomość oraz materia według dr J.Hagelin" http://www.youtube.com/watch?v=yFkb_kpTiiU
[64] J. Hagelin prowadził badania, między innymi, w European Organization for Nuclear Research (CERN) and the Stanford Linear Accelerator Center (SLAC).

samo – świadomości, która wznosi się na falach wibracji, aby dać początek cząstkom, ludziom, wszystkiemu co spostrzegamy.

Przyjmując, więc perspektywę epistemologiczną i ontologiczną, jaka została wypracowaną w obszarze fizyki kwantowej, musimy uznać, że podział na obserwatora i to co obserwowane ma bardzo względną wartość, gdyż sam akt obserwacji w danym momencie wydarzania się bycia bytu, jakby to ujął M. Heidegger, jest zawsze unikatowy, i wynika ze złożenia przedmiotu obserwacji oraz obserwatora w niepowtarzalnym kontekście sytuacyjnym. Aby kilka osób zinterpretowało podobnie, „prawie" tak samo dane zdarzenie, które poddają badaniu, muszą najpierw zostać poznawczo sformatowane w maksymalnie zbliżony sposób. Na przykład, spoglądając na grupę ludzi, mogę stwierdzić, że składa się ona z pięciu osób, ale nie mogłabym tego powiedzieć, zanim nauczono mnie liczyć. Mogłabym powiedzieć o tych ludziach, że są gojami, albo Reptalianami, ale ktoś najpierw musi wprowadzić w obszar mojej świadomości informacje, o takiej kategorii istot, w przeciwnym razie, nie zobaczę ich jako gojów czy Reptalian. Natomiast, gdybym widywała przejrzyste postacie wokół siebie, przypominające moich zmarłych przodków i powiedziała o tym w pracy, okazałoby się, że tak naprawdę, to ja ich nie widzę, ale mam *widzenia*, których powinnam się pozbyć, aby uzyskać normalny obraz świata. Poznawczej uniformizacji służy powszechna, standaryzowana według jednowymiarowego modelu, edukacja. Biały człowiek wygrał walkę o władzę nad definicją prawdy, czy wygrał władzę sądzenia w sposób przejrzysty? M. Heidegger, określił *prawdę, jako nieskrytość*...Św. Paweł, w „Liście do Koryntian", znanym jako „Hymn do miłości", napisał: „*...gdy zaś przyjdzie to, co jest doskonale, zniknie to, co jest tylko częściowe [...] Teraz widzimy jakby w zwierciadle, niejasno; wtedy zaś [zobaczymy] twarzą w twarz. Teraz poznaję po części, wtedy zaś poznam tak, jak i zostałem poznany [...]*". Zdaje się, że intuicja, każe prawdy szukać w zrozumieniu całości, i mieć świadomość pokory, że dopóki poruszamy się w wymiarze świata podzielonego, widzimy porozsypywane puzzle, elementy rysunku, natomiast samo znaczenie obrazu, na który części te się składają, jest poza naszą percepcją, chociaż fizycy, zdają się dochodzić już do miejsca, z którego patrzą na wielką kreację bytu również mistycy, ale to są nieliczne jednostki, obdarzone hermetycznym wglądem i wiedzą. Do grona badaczy, którzy zakładają decydującą rolę psychiczności w świecie kwantowym, i przychylają się do stanowiska, że świadomość rzeczywiście wpływa na materię, a nawet ją stwarzają należą też, między innymi: Eugen Wigner, Edward Walker, Jack Sarfatii, czy Charls Muses, czy Dawid Bohm, Rupert Scheldrake, i wielu innych.

Doszliśmy w naszym studium do miejsca dość szczególnego, gdzie materia, ten łatwo poddający się pomiarom i obserwacji „konkret", na którym zawsze można było się oprzeć w dowodzeniu, jako na twardym fakcie, okazuje się niemożliwa do dowiedzenia – wyniki badań z mikrofizyki wskazują, że atom w 99, 999%...jest pusty... Komunikacja świata nie następuje przede wszystkim, w widzialnym świecie Newtona, ale w obrębie subatomowego świata Heisenberga. Przepływ informacji pomiędzy komórkami i DNA odbywa się za pomocą częstotliwości drgania fal, i na tej samej zasadzie mózg postrzega i przechowuje informacje. Lynne McTaggart, po przeprowadzeniu kilkudziesięciu wywiadów z najznamienitszymi postaciami współczesnej nauki, doszła do konkluzji, że wszechświat zdaje się być podszyty jakąś strukturą, która jest wszyskozapisującym ośrodkiem, będącym zarazem uniwersalną metodą komunikacji między wszystkimi rzeczami.[65]

Jak rozumieć kwestie życia społecznego istot ludzkich, włączając perspektywę ontologiczną wypracowaną przez współczesną fizykę kwantową? Na poziomie najbardziej elementarnym świat jawi się jako Wielkie Uniwersum drgań falowych. Istoty ludzkie są więc, w tym podstawowym wymiarze swej egzystencji, nierozdzielne od siebie i otoczenia. Z perspektywy dostrzegamy, że świadomość istoty żywej nie jest obiektem izolowanym, a mózg i DNA uważane za dyrygentów organizmu, to w istocie przetworniki, które przekazują informacje pobraną z pola kwantowego, które wiąże nas wszystkich niewidzialną siecią. [66]

Jak już zostało to zauważone, nauki szczegółowe, badające psychikę człowieka uprawiane w stylu behawioralno – poznawczym, przyczyniły się do upowszechnienia poglądu, że świadomość jest epifenomenem mózgu. Prawdopodobnie ze względu na dominację idei materialistycznych w sferze poznania, ów trend został szczególnie wyraziście spopularyzowany w piśmiennictwie i edukacji społecznej. Równolegle jednak, zwłaszcza w drugiej połowie minionego stulecia, rozwijają się takie nurty w psychologii, które bazując na metodzie fenomenologicznej i hermeneutyce, i odnosząc się do rewelacji z dziedziny fizyki kwantowej, opisują umysł ludzki, jako przestrzeń znaczących, która nie jest wynikiem funkcji fizjologicznych organizmu, chociaż jest bezpośrednio skorelowana z fizjologią – podobnie jak film, który oglądamy na ekranie wbrew pozorom, nie powstał na skutek inteligentnej działalności i energii twórczej naszego telewizora czy laptopa, chociaż, gdy funkcjonowanie tego urządzenia ulega zaburzeniu, również odbiór programu staje się trudny, lub z goła niemożliwy. Niniejszym, źródłem informacji i wrażeń dostarczanych nam przez programy wirtualne, nie są urządzenia techniczne, które je nadają - podobnie rzecz się ma z mózgiem i spostrzeganiem oraz rozumieniem (nawet najzdrowszy mózg nie stanie się gwarantem wysokiej inteligencji dla kogoś, kto nie przejdzie ścieżki kulturowego programowania w wymiarze kognitywnym i emocjonalnym – co najwyżej wzrasta szansa, że nie będzie go pobolewała głowa).

Tu znów dochodzimy do problematyki percepcji, jako czynnika o charakterze światotwórczym. Kim jest ten, kto spostrzega i czym jest to, co spostrzegane? Z punktu widzenia wielu nurtów w obrębie fizyki kwantowej - są tym samym, pewnie właśnie dlatego możliwy jest w ogóle niezwykły fenomen samo-świadomość. Ciekawy przykład kształtowania się samoświadomości, stanowi zdolność rozpoznawania swojego odbicia w lustrze. Praktycznie poza naczelnymi, zwierzęta nie rozpoznają swoich odbić, pomimo, że je widzą. Widzą siebie, a jednak siebie nie rozpoznają... poziom samoświadomości na ich etapie istnienia, nie pozwala im na to. Jednak człowiek spoglądając

[65] McTaggart L., Pole. W poszukiwaniu tajemniczej siły wszechświata, Wyd. Czarna Owca, Warszawa 2009
[66] Laszlo E., Interconnected Universe, Conceptual Foundations of Transdisciplinary Unfitted Theory, Singapore: World Scientific, 1995, s.100 -101; ten pogląd został również rozwinięty przez biologa Ruperta Scheldraka, w jego intrygującej teorii pól morfogenetycznych.

na odbicie swojego psa w lustrze, jest przekonany, że obraz, który w tym lustrze widzi przedstawia jego psa, choć pies do lustra wąsa sobie podkręcał nie będzie, bo w jego świadomości, tam nie ma wąsa, który byłby jego wąsem...

Próba integracji doświadczenia zewnętrznej i wewnętrznej realności a synchroniczność

Podobnie jak kwanty i fale, nasze życie symboliczne, myślenie, aktywna imaginacja, niekontrolowane fantazje, pragnienia, mają zasadniczo charakter nielokalny, twierdzi M.L. vin Franz, i opierają się raczej na zasadzie prawdopodobieństwa niż konieczności[67]. C.G. Jung próbując wyjaśnić bliżej te kwestie, zwrócił uwagę na zjawisko synchroniczności, i dość szczegółowo objaśnił jego znaczenie z punktu widzenia psychologii analitycznej. Synchroniczność jest, według niego, szczególnym wyrazem akazualności (nieprzypadkowości), i polega na tym, że możemy dostrzec pewien rodzaj koincydencji [zbieżności i zgodności] psychicznych i fizycznych zdarzeń w czasie, co do których ewentualny związek przyczynowo-skutkowy nie jest nawet do pomyślenia, natomiast *wydarzenia te powiązane są ze sobą przez znaczenie.*[68]

Działanie synchroniczności C.G. Jung przedstawił na przykładzie ze swej praktyki terapeutycznej. Pewnego razu, gdy pacjentka opowiadała mu swój sen, w którym pojawił się jej skarabeusz, na oknie gabinetu, gdzie odbywała się sesja, w tym samym czasie przysiadł owad tego gatunku. Dla przeciętnego obserwatora to banał, który nic nie znaczy. C.G. Jung dostrzegł w tym jednak przypadek szczególnej koincydencji, który mógł pomóc w ruszeniu z terapią pacjentki do przodu. Neutralny pod względem psychologicznym przypadek pojawienia się owada na oknie i w treści opowiedzianego przez nią marzenia sennego, zbiegł się bowiem w czasie z momentem impasu w procesie terapeutycznym, a znaczenie skarabeusza jako symbolu przemiany psychicznej, stanowiło ogniwo łączące te z goła odrębne wydarzenia. Przypadki tego typu w pracy psychologicznej mają miejsce nierzadko. W momencie, kiedy w życiu psychicznym klienta wydarza się coś ważnego dostaje on, na przykład, wiadomość od kogoś, kto był związany z jego problemami emocjonalnymi, które właśnie zostały poddane analizie i zmierzają do rozwiązania, innym razem może to być niespodziane znalezienie dokumentów, wnoszących nowe światło do spraw, zdałoby się raz na zawsze zamkniętej. W takich okolicznościach właśnie, zdarzenia wiążą się z sobą w nieliniowy, *pozornie* zupełnie przypadkowy sposób. Jedynym ogniwem, które spaja te silnie naładowane energią doświadczenia psychologiczne z osobliwymi sytuacjami, pojawiającymi się równolegle w świecie zewnętrznym, pozostaje ich znaczenie.

Intuicyjnie jesteśmy na synchroniczność wrażliwi. Jej przejawy bywały natchnieniem dla autorów dramatów czy eposów, zwłaszcza tych o charakterze mitycznym. W momentach, gdy w duszach ludzkich dzieje się coś, czego znaczenie ma szczególną wagę, podnosi się napięcie psychiczne, a sytuacje, które temu towarzyszą zdają się potwierdzać niesamowitość przesłania

---

[67] M.L., von Franz, Psyche and Matter, SHAMBALA, Boston & London, 1992r.

[68] za: M.L. von Franz, Synchronisity: http://autodafe.salon24.pl/65103,kauzalizm-akauzalizm-i-synchronicznosc

niesionego przez chwilę. Wzruszające obrazy takich przesyconych numinosum synchroniczności, znajdziemy w polskiej literaturze romantycznej. W „Dziadach" A. Mickiewicza, ciemny mrok spowija świat, a zegary zatrzymują się, gdy Nowosilcow, podczas rozmowy z księdzem Piotrem, cynicznie drwiąc z ludzkiego cierpienia bluźni też Bogu. Natomiast J. Słowacki w 1848 roku, napisał:

„Pośród niesnasek Pan Bóg uderza
W ogromny dzwon,
Dla słowiańskiego oto papieża
Otworzył tron..

W tamtym czasie brzmiało to nie tylko fantastycznie, ale nawet obrazoburczo, a jednak przeczucie poety nie zwodziło. W chwilach głębokiego wglądu świadomość indywidualna włącza się w uniwersalne pole przepływu informacji, i zostaje wypełniona przez obrazy o charakterze proroczym, genialnym czy, po prostu, niesamowitym.

Fenomen synchroniczności C.G. Jung szerzej objaśnił, bazując na opracowanej przez siebie teorii *nieświadomości kolektywnej*, w której dowodzi, że typowo ludzki sposób doświadczania życia, ukształtowany jest na pewnych archetypowych matrycach, i dopiero na ich podłożu formatuje się psyche indywidualna, z jej strukturą „ego", i krótką historią osobniczego istnienia. Według C.G. Junga, ta pierwotna, kolektywna warstwa psychiczna nie reprezentuje jakichś dodatkowych, atawistycznych skłonności, wynikających z prostego dziedziczenia po prymitywnych przodkach w łańcuchu ewolucji, jak to przedstawił S. Freud. Kolektywna nieświadomość jest żyjącą, kreatywną macierzą naszego świadomego i nieświadomego życia, oraz esencjonalną i strukturalną podstawą psyche.[69] W tej źródłowej warstwie psychiki, pewne partykularne jej formy mogą być względnie izolowane, twierdzi C.G. Jung. Co to znaczy? Otóż niektóre z nich są w swych przejawach porównywalne do wzorców zachowań zwierząt, czyli dynamicznie i formalnie determinują nasze emocje, imaginacje, uczucia i działania - w obliczu śmierci, rodzicielstwa, zakochania, utraty, itd. - w tych, jak i w wielu innych sytuacjach o charakterze typowym dla ludzkiej egzystencji, uaktywniają się wewnętrzne, *archetypowe reakcje*[70]. *Porównać je możemy z instynktami, gdyż są podobne u wszystkich ludzi, a ponieważ pojawiają się one w ścisłym połączeniu z typowymi emocjami, ich efekty zostają także włączone w sferę fizyczną.* Lęk, wściekłość, miłość, entuzjazm, heroiczne uczucia itp., wywołują natychmiastowe fizjologiczne i chemiczne reakcje w ciele, takie jak przykładowo drżenie, gwałtowne pocenie się czy przyśpieszenie pulsu lub akcji serca.[71]. Po wielu latach badań poświęconych kwestiom świadomości i jej związku z somatyką, C.G. Jung postawił wniosek, że centrum psyche człowieka przemieszcza się na skali, gdzie na jednym z jej krańców sytuują się stany zasadniczo związane z cielesnością [instynkty, popędy, reakcje fizjologiczne], natomiast na drugim krańcu tej skali, umiejscowione są stany typowo zdeterminowane przez wzorce archetypowe.[72] W tej perspektywie

---

[69] M.L., von Franz, Number and Time, Northwestern University Press, Evanston, 1974r., s. 4
[70] Psychologia inicjacji, doczekała się dość szerokich badań i opracowań naukowych.
[71] Szersze opracowania tej problematyki znaleźć można w studiach z dziedziny medycyny psychosomatycznej.
[72] Kwestię tę, można wyjaśnić na przykładzie macierzyństwa, które jest doświadczeniem, z jakim każdy maił w jakiś sposób wprost do czynienia czy to, będąc obiektem matczynych uczuć w dzieciństwie, czy też, jako rodzic,

procesy somatyczne i archetypowe, pozornie zbiegunowane, jawią się jako elementy tej samej żywej, nieznanej rzeczywistości, *stanowiące dwa różne aspekty świadomości.* Istotne znaczenie odgrywa tu kwestia percepcji, po prostu sygnały dochodzące do nas poprzez doznania zmysłowe, interpretujemy zwykle, jako te o podłożu „materialnym", i określamy je, jako pochodzące z zewnętrz, natomiast, gdy jesteśmy poruszani przez fantazje, myśli albo uczucia, skłonni jesteśmy nazywać je przejawami działania psychiki, której źródeł dopatrujemy się w naszym wnętrzu.[73]

Posługując się nawykowo „kartezjańsko - newtonowskim" modelem rozumowania nie zastanawiamy się, dlaczego świat spostrzegamy jako podzielony, złożony z odrębnych elementów, podległy liniowemu upływowi czasu. Najczęściej trudno nam w ogóle wyobrazić sobie, że nie wszystkie ludy na ziemi stosowały i stosują ów model nadając znaczenia temu, co kreuje ich obraz rzeczywistości. Badania z dziedziny psychologii międzykulturowej nie pozostawiają złudzeń, że sposób percepcji zaszczepiony w umysłowości Zachodu, nie powiela się wszędzie.

Śledząc bacznie odkrycia w dziedzinie fizyki kwantowej, C.G. Jung nawiązał kontakt z Albertem Einsteinem, a także z Wolfgangiem Paulim [który był nawet jego klientem], zauważył bowiem, że pojawia się wiele nieoczekiwanych i zaskakujących *paralelizmów pomiędzy modelem konceptualnym psyche kolektywnej, i tym który objaśnia zachowanie materii w wymiarze subatomowym.* Chociaż, jak zauważa M.L. von Franz, kontynuując prace Junga, paralelizm nie zakłada, że przedmiot badań w obu tych dyscyplinach jest wprost taki sam, to mamy w nich do czynienia z *zasadą komplementarności.* Zasada ta, w mikrofizyce pojawia się w relacjach cząsteczkowo - falowych, a w psychologii pomiędzy zawartością świadomości i nieświadomości. Następna paralela między psyche kolektywną a fizyką cząstek elementarnych polega na konieczności włączenia „obserwatora" w sytuacje, kiedy badane są zachowania kwantowe i psychiczne. Usytuowanie „obserwatora" w przestrzeni zdarzenia wpływa bowiem bezpośrednio na to, co zostanie uchwycone i dalej poddane opisowi oraz interpretacji. W obu tych dziedzinach również, obserwator nie ma bezpośredniego, naocznego dostępu do badanej struktury, tak by móc namacalnie uchwycić jej substancję, dlatego o zjawiskach subatomowych czy psychicznych, możemy wydawać sądy jedynie na

---

albo obu tych rolach. Otóż w ścisłym powiązaniu z ciałem przejawiać się macierzyństwo będzie w postaci kobiety brzemiennej, rodzącej, która karmi i chroni swoje potomstwo. Jednak to samo karmienie, jako wyraz macierzyńskiej zasady opiekuńczej, które na poziomie somatycznym znajduje swój wyraz w formie laktacji, na poziomie archetypowym, objawi się jako umiejętność dawania wsparcia innym, czy to przez dokarmianie ich w sensie emocjonalnym, czy też duchowym albo intelektualnym. Tak, więc umiejętne obejmowanie roli terapeuty/tki, kapłana/nki lub nauczyciela/lki, wymaga zaktywizowania w przestrzeni świadomości pozytywnych elementów archetypu Wielkiej Matki. Przejawy opiekuńczości w wymiarze archetypowym, mogą też znaleźć swój wyraz w zabieganiu o wprowadzenie praw socjalnych czy ubezpieczeń społecznych, zwłaszcza dla najsłabszych, którzy nie potrafią sobie sami poradzić. Miłość do ciała i krwi istot spokrewnionych, tak szczególnie wiążąca się z macierzyństwem cielesnym, pojawia się w ideałach patriotyzmu jak również w nacjonalizmie. Żeńska zasada archetypowa *Hagia Sopia* czyli Mądrość Boża, przeciwstawiana jest specyficznemu dla zasady męskiej, *Logosowi*, z jego skłonnością do intelektualizowania spraw Ducha i Uczuć i Materii.

[73] M.L., von Franz, Number and Time, Northwestern University Press, Evanston, 1974r.

podstawie interpretacji poziomu energii, który je uaktywnia na tyle, aby stały się dostępne doświadczeniu [w przeciwnym razie pozostaje jedynie prawdopodobieństwo ich zaistnienia].[74]

Jak już to zostało powiedziane, właśnie przypadki synchroniczności, jeszcze w latach dwudziestych minionego wieku, skierowały uwagę C.G. Junga na trop trudnego do wyjaśnienia, za pomocą znanych teorii, związku pomiędzy materią a świadomością. Trudność, na jaką napotyka umysłowość człowieka Zachodu w właściwym zrozumieniu fenomenów synchroniczności, jak już wspominaliśmy, leży nie tyle w ich występowaniu, gdyż każda osoba zdolna do introspekcji łatwo je rozpozna, ale raczej w ich fundamentalnej akceptacji w sferze myślenia, zwłaszcza naukowego. Nauka skłania się do traktowania ich, jako „pure chance". Te fenomeny stoją w konflikcie z naszymi przyjętymi z góry założeniami, że realność psychiczna jest „tylko subiektywnie doświadczalna", w odróżnieniu od materii, która „istnieje obiektywnie w świecie zewnętrznym". Niniejszym, *ten paradygmat przyjęty we współczesnej nauce jest tylko wówczas poprawny, zauważa M.L. von Franz, kiedy zrównamy psychikę ze sferą świadomości ego.* W sytuacjach, gdy kolektywna nieświadomość w jej archetypowym wymiarze zostaje zaktywowana, tak jak to ma miejsce w wysoko naładowanych energetycznie doświadczeniach o charakterze psycho-fizycznym, oba te obszary – wewnątrzpsychiczny i świat zewnętrzny, łączą się ze sobą poprzez to, co w nich znaczące, i wydarzają się synchronicznie. Z jungowskiego punktu widzenia, *najniższy, kolektywny poziom psychiczny jest po prostu czystą naturą, która zawiera wszystko, także to, co nieznane [niewiadome] - włącznie z materią". W tym preświadomym aspekcie obiekt jest odnaleziony takim jakim był, można rzec, zawsze u swych podstaw. Tylko w przypadku aktywacji tego poziomu ujawniają się zdarzenia synchronicznie powiązane*[75].

Dla właściwego zrozumienia teorii świata niepodzielonego, istotne jest by zauważyć, że wszystko, co pojawia się w psychice, wyraża naturę rzeczywistości, której częścią jest sam człowiek, jako podmiot doświadczający. Niniejszym, ten sam człowiek pozostaje również przedmiotem doświadczenia, przede wszystkim ze względu na swą zdolność do samoświadomości i autorefleksji. Problem polega jednak na tym, o czym już zostało wspomniane, że podobnie jak w fizyce procesy subatomowe nie mogą być bezpośrednio obserwowane, tak samo treści nieświadomości kolektywnej niedostępne są naoczności. W obu przypadkach, esencjonalna natura badanych zjawisk może być postrzeżona jedynie przez interferencje.[76] Ślady psyche nieświadomej, w sposób najbardziej dostępny, ukazują się w marzeniach sennych, dziełach sztuki, podaniach mitycznych i rytuałach religijnych, gdzie przybierają formy możliwe do dalszej interpretacji...[77]

---

[74] M.L., von Franz, Number and Time, Northwestern University Press, Evanston, 1974r.
[75] Tamże.
[76] **Interferencja** (łac. *inter* – między + *ferre* – nieść) – zjawisko powstawania nowego, przestrzennego rozkładu amplitudy fali (wzmocnienia i wygaszenia) w wyniku nakładania się (superpozycji) dwóch lub więcej fal. Warunkiem interferencji fal jest ich spójność, czyli korelacja faz, amplitudy i częstotliwości. Za: Wikipedia
[7777] M.L., von Franz, Number and Time, Northwestern University Press, Evanston, 1974r, s.8 .

W swym sednie, idea *unus mundus* zasadza się, jak twierdzi C. G. Jung, na założeniu, że *różnorodność empirycznego świata opiera się na ukrytej jedności, i dlatego nie ma w sensie fundamentalnym różnych światów istniejących obok siebie, albo mieszających się jeden z drugim. Raczej wszystko, co jest podzielone i różne należy do jednego i tego samego świata, który nie jest w istocie takim światem, jak odbierają go nasze zmysły, ale postulatem, którego prawdopodobieństwo jest potwierdzone, choćby przez fakt, że do tej pory nikt nie potrafił odkryć świata, w którym poznane prawa natury byłyby nieważne.*[78] Według C.G. Junga objaśnienie niepodzielnego istnienia, praktycznie nie jest możliwe inną drogą niż przez antynomie, czyli sprzeczności albo paradoksy. Wiemy, że to, co jest nam dostępne ze świata zewnętrznego, jest uwarunkowane przez nasze procesy spostrzegania i rozumienia docierających do nas informacji. Dlatego, jak to już zauważył I. Kant, *nie mamy dostępu do rzeczy samych w sobie, a jedynie do ich reprezentacji umysłowych. Przez wzgląd na to,* ***świat zjawisk empirycznych swoje podstawowe zakorzenienie ma w transcendentalnym gruncie, co sprawia, że paradoks synchroniczności, staje się pozorny.***

C.G. Jung odwoływał się również, do wielkości arytmetycznych oraz liczb, jako tych danych, poprzez które *abstrakcja wewnętrznego porządku bytu, jako jedności umysłu i materii jest nam najbliżej dostępna, czego dowodzi choćby rozwój fizyki teoretycznej i skuteczność zastosowania jej obliczeń w technologii*.. M.L. von Franz, mówi o tym, że prostu *istnieje synchroniczność pomiędzy porządkiem liczbowym, a zasadami organizującymi zachowanie materii*, nawiązując tym samym do antycznej tradycji pitagorejskiej, w której matematyka [79] uchodziła za najwyższą ze sztuk, i wiązała się bezpośrednio ze sferą sacrum.

Od mitycznego zarania kultury atlantyckiej, znana była idea *Unus mundus* – jedności świata, a prawa jej zostały wyryte po wszechczasy w *Tabula Smargdina* - dziele stworzonym, jak głosi podanie, przez samego Hermesa Trismegistosa. Twórczość naukowa C.G. Junga naznaczona jest przemożnym wpływem inspiracji z obszaru gnostycznej alchemii, może ze względu na szczególny wpływ jego mistrza Filemona. Nie mniej jednak korzystał C.G. Jung również z tradycji innych kultur, zarówno wedyjskiej[80], jak i taoistycznej. Był śmiałym prekursorem, ale też jednym z najznamienitszych interpretatorów psychologicznej wiedzy innych, niż Zachodnia, tradycji.

Dla naszego studium, w którym śledzimy naturę związku świadomości i materii, szczególne znaczenie ma taoistyczne podejście do tego zagadnienia, przedstawione w nurcie psychologii analitycznej. W pierwszej połowie XX wieku, Helmut Wilhelm, opierając się na pismach filozofa Wang Fu Ch'iha [1619 – 1692], poczynił próbę, by z filozoficznego punktu widzenia wyjaśnić

[78] C.G., Jung, Misterium Coniunctonis, Wydawnictwo KR, 2011r, 767 70.

[79] Antyczni Grecy, utożsamiali matematykę z poznaniem i prawdą w ogóle, na co wskazuje samo znaczenie pojęcia *mathematikos*. Stąd też później u Kartezjusza pojawiły się próby zobiektywizowania wiedzy o tym, co nam się jawi w doświadczeniu.

[80] C.G.Jung, Psychologia Kundalini Jogi, Wydawnictwo KR, 2003.

tajemnicę działania I Ching[81], opisanego w Księdze Przemian. Otóż, według przekazu Wang Fu Ch'iha, całość istnienia zasadza się ostatecznie na wszystko zawierającej ciągłości [continuum], która jest wewnętrznie uporządkowana zgodnie z powszechnym prawem, ale która „sama w sobie" nie ma zdolności manifestowania się, i nie może być spostrzegana w swej istocie – podobnie jak liczby, które również nigdzie nie występują, jako takie, ale możemy nimi operować, odkrywając wewnętrzny porządek zależności między nimi, oraz ich bezpośredni związek z geometrią oraz fizyką.

Zatem, ta podstawa bytu, którą napotykamy w starożytnej filozofii, a na której bazuje I Ching, nie jest uchwytna dla zmysłowej percepcji[82]. Zwłaszcza, że jak zaznacza M.L. von Franz, *percepcja zmysłowa jest jednym z aspektów bytu w ogóle, dlatego ona sama jest sposobem na spostrzeganie siebie* przez to, co istnieje i przejawia się jako byt w ogóle... W tym sensie, każde indywidualne doświadczenie, stanowi jednocześnie pewien aspekt doświadczania całości istnienia. Dodajmy, że zasada ta określa sposób funkcjonowania każdego żywego organizmu, gdyż kondycja poszczególnych komórek, tkanek i organów wpływa na to, jak będzie funkcjonowała całości. Zawarte w Księdze Przemian postulaty ontologiczne zasadniczo pokrywają się z jungowską koncepcją *niepoddającego się percepcji gruntu psychologii uniwersalnej, która wypływa z twórczej macierzy, i pozwala się uchwycić jako archetypowa świadomość oraz fizyczna materia – pierwotna Pleroma.* Wang Fu Ch'ih mówił, że to właśnie nieustanny, wieczny ruch, jako przyrodzony, nieodłączny temu uniwersalnemu kontinuum sprawia, że przejawy rzeczywistości z ich strukturą i umiejscowieniem, podlegają bezustannemu zróżnicowaniu i przemianom w ciągłości bytu.

Według M.L. von Franz, od momentu gdy te przejawy istnienia stają się w sobie uporządkowane, a przez to zgodne z ogólnym prawem uniwersum, partycypują one w świecie liczb - chaos przekształca się w rytmy i znaczenia logosu. Wtedy też, mogą one zostać uchwycone w

---

[81] The ***I Ching*** (Wade-Giles) or "Yì Jīng" (pinyin), also known as the ***Classic of Changes***, ***Book of Changes*** and ***Zhouyi***, is one of the oldest of the Chinese classic texts.[1] The book contains a divination system comparable to Western geomancy or the West African Ifá system; in Western cultures and modern East Asia, it is still widely used for this purpose. Traditionally, the *I Ching* and its hexagrams were thought to pre-date recorded history,[2] and based on traditional Chinese accounts, its origins trace back to the 3rd to the 2nd millennium BC.[3] Modern scholarship suggests that the earliest layer of the text may date from the end of the 2nd millennium BC,[4] but place doubts on the mythological aspects in the traditional accounts.[4] Some consider the *I Ching'* as the oldest extant book of divination, dating from 1,000 BC and before.[5] The oldest manuscript that has been found, albeit incomplete, dates back to the Warring States Period (around 475-221 BC).[6]
During the Warring States Period, the text was re-interpreted as a system of cosmology and philosophy that subsequently became intrinsic to Chinese culture. It centered on the ideas of the dynamic balance of opposites, the evolution of events as a process, and acceptance of the inevitability of change. The standard text originated from the ancient text (古文經) transmitted by Fei Zhi (费直, c. 50 BC-10 AD) of the Han Dynasty. During the Han Dynasty this version competed with the bowdlerised new text (今文經) version transmitted by Tian He at the beginning of the Western Han. However, by the time of the Tang Dynasty the ancient text version, which survived Qin's book-burning by being preserved amongst the peasantry, became the accepted norm among Chinese scholars. Za Wikipedia.

[82] Dla, interpretującego I Ching, C.G. Junga niezwykle odkrywcza była zawarta tam zasada wyłaniania się archetypowych obrazów w pewnym porządku i kolejności. Zaproponowany w I Ching sposób odczytywania symboli, którymi on operuje, pozwolił Jungowi na pewne uporządkowanie znaczeń archetypów, wyłaniających się z twórczej, dynamicznej podstawy bytu, która jest poza czasem, i włamuje się do naszej zwyczajnej, czasowej sfery, właśnie w formie synchronicznych zdarzeń.

procedurach algebraicznych czy geometrycznych, a stąd już naturalną koleją rzeczy, pojawiają się wzorce, które jako archetypy konfigurują pole Jaźni uniwersalnej [jungowskie Self] oraz formy materii. ***Rytm i liczba, bezpośrednio umożliwiają nam uchwycenie energii, jako podstawowego przejawu materii.*** Relacja rytmiczno – liczbowa swój szczególny wyraz znajduje w muzyce, jak też w dźwięku w ogóle, oraz świetle, bo właśnie prędkość drgań falowych, pozwala nam na spostrzeganie obrazów i dźwięków. W snach, nawet tych najbardziej realistycznych, mamy natomiast do czynienia z archetypowo – symbolicznymi strukturami, w oparciu, o które bezpośrednio następuje ideacja rzeczywistości w przestrzeni onirycznej. Oczywiście, te przejawione obrazy mogą być też uchwycone wprost poprzez emocje, myślenie czy doznania zmysłowe, bez potrzeby przeprowadzania dodatkowych arytmetycznych procedur – można by rzec, na szczęście, bo w przeciwnym razie wielu z nas miałoby straszny kłopot ze spostrzeżeniem czy zrozumieniem czegokolwiek, możemy się tylko cieszyć, że sam akt percepcji odbywa się automatycznie i zależy od czynników wrodzonych!

Liczby otwierają więc teoretyczną i metodologiczną przestrzeń w podejściu do badań nad rzeczywistością przejawioną również w sensie psychologicznym, co możemy wnioskować, ze szczegółowych, interdyscyplinarnych badań przeprowadzonych przez M.L. von Franz. Era Internetu i wirtualnej matrix, która stała się nieodłącznym elementem naszej codzienności, potwierdza potęgę zawartą w zależnościach liczbowych, oraz ich nieskończoną kreatywność. Spektakularnym wyrazem tej kreatywności są hologramy wiernie kopiujące trójwymiarowe obiekty w przestrzeni. Odbywają się już koncerty z hologramowymi artystami[83], a na niektórych lotniskach możemy napotkać holograficzną obsługę![84]

W swoich rozważaniach poświęconym synchroniczności C.G. Jung wniósł pytanie, czy występowanie tego zjawiska nie dowodzi ostatecznie bardziej ogólnego prawa natury, które nazwał on *„porządkiem akazualnym"*. Akazualny porządek, ujawnia się jako zasada nieciągłości w fizyce kwantowej, ale napotykamy nań również w sferze czysto psychicznej, na przykład, w tak zwanym uniformizmie skojarzeniowym właściwym dla ludzkiego gatunku, czy koncepcji naturalnych liczb całkowitych. Co istotne, synchroniczność tym różni się od przypadków porządku akazualnego, że te ostatnie istniały od zawsze i wydarzały się regularnie, podczas gdy zdarzenia synchroniczne są *„aktami kreacji w czasie, które* występują nieregularnie, bez prawidłowości na ogół charakteryzujących pewne prawa naturalne. M. l. von Franz, twierdzi, że *Unus Mundus* można rozumieć, jako kontinuum zawierające obrazy, jako kontinuum geometryczne, oraz jako numerycznie ustrukturyzowany system. Ślady tych podziałów możemy napotkać w pracach nowoczesnych fizyków teoretycznych, którzy podejmują próby opracowania modelu kosmosu. Na przykład, czterowymiarowy model uniwersum A.Einsteina jest pomyślany jako continuum geometryczne. W

[83] www.wykop.pl/.../koncert-**wirtualne**j-japonskiej-wokalistki-3d-**holog**.
[84] tech.wp.pl/kat,1009779,title,Wirtualni-ludzie-zabieraja-prace,wid,13.

fizyce kwantowej, z drugiej strony, liczby naturalne są traktowane, jako ostateczny strukturalny element istnienia.[85],[86].

W swoich badaniach nad jednością świata, M.L. von Franz, odnosi się do koncepcji francuskiego fizyka Oliviera Costa de Beauregard'a, który sugeruje interesujące powiększenie "uniwersum" Minkowskiego – Einsteina, postulując współistnienie kosmicznego ***infrapsychizmu***, który powinien być skoordynowany z czterowymiarowym kontinuum relatywistów. *W tym infrapsychicznym wymiarze,* zawierać miałyby się piktogramy reprezentujące świat zewnętrzny, który wytwarza nasza psyche. Według O. Beauregard'a te pierwotne *images,* konstytuują podstawowe elementy, umożliwiające wytworzenie wszystkich wyższych porządków [negentropii[87] oraz informacji]. M.L. von Franz, zauważa, że we współczesnej nauce mamy do czynienia z dwoma tendencjami, które starają się opisać to, jak ukonstytuowany jest ostateczny, najwyższy porządek istnienia. Jedna z tych tendencji, mówi o tym, że zawiera on obrazy [imges], a druga dowodzi, że oparty jest on na geometrii albo strukturach liczbowych.

Według teorii jungowskiej natomiast, *unus mundus* zawiera w sobie wszystkie preuwarunkowania [warunki wstępne], które determinują formy świata empirycznego. Jednakże te preuwarunkowania musza być rozpatrywane całkowicie nieperceptualnie [„pre-image-creating"], i przedmatematycznie. Dopiero osiągając próg percepcji psychicznej przybierają one formy obrazów, czy też geometrycznych albo liczbowych struktur. Mówiąc o „preuwarunkowaniach" C.G. Jung odwoływał się do archetypów w tym ich przejawie, gdy ukazują się, jako nieperceptualna dyspozycja, uśpiona w nieświadomości, która manifestuje się na granicy ze świadomością, regularnie wyistaczając obrazy, myśli, i typowe reakcje emocjonalne i behawioralne. Noblista, W. Pauli, pracując nad problematem podstaw porządku istnienia, wysunął postulat pewnej „podstawowej intuicji" w matematyce. Według niego idee nieskończonych serii [liczbowych] oraz liczb całych powinny zostać włączone do jungowskiej koncepcji idei archetypowych, gdyż na nich właśnie bazują, i w tym wypadku ich izomorfizm[88], ze zjawiskami świata zewnętrznego, nie będzie już żadna niespodzianką[89]. Tym samym znaleźliśmy się w miejscu psychicznej prehistorii, gdzie ujawnia się przed nami

---

[85] M.L. von Franz, Number and Time, s. 16.

[86] Za Sir A. Eddington, *The Philosophy of Psychical Science,* Fizyka kwantowa, oblicza podstawy, z niewymiernymi ilosciami [masy], takimi jak np., czyste liczby. Z jednym musimy się pogodzić, że to działa również z wymiernymi ilościami [masy] jak energia, momentum, sppin.

[87] Negentropia to najkrócej rzecz ujmując, pojęcie, określające miarę stopnia organizacji, stosowane przede wszystkim w cybernetyce i teorii systemów, za: Wikipedia.

[88] **Izomorfizm** (gr. *isos* – równy, *morphe* – kształt) struktur – funkcja wzajemnie jednoznaczna z uniwersum struktury *A* w uniwersum struktury *B*, która zachowuje funkcje, relacje i wyróżnione elementy. W konkretnych obiektach algebry uniwersalnej (takich jak grupy, pierścienie, moduły itp.) **izomorfizmem** nazywamy wzajemnie jednoznaczne odwzorowanie takie, że i jego odwrotność są homomorfizmami. O strukturach A i B powiemy, że są **izomorficzne**, jeżeli istnieje izomorfizm z A w B. Oznacza to, że obiekty izomorficzne różnią się w gruncie rzeczy oznaczeniami, a ich struktury mogą być uważane za identyczne. W ten sposób w klasie wszystkich obiektów danego rodzaju wprowadzana jest relacja równoważności, za: Wikipedia

[89] M.L. von Franz, Number and Time, s. 19.

tajemnica, dlaczego nigdy nie poznamy do rzeczy samej w sobie, o której pisał I. Kant w osiemnastowiecznym Prusach, a Wang Fu Chi'ch w siedemnastowiecznych Chinach.

Umysł kwantowy i głęboka demokracja Arnolda Mindella

...nielokalne wzorce pragną realizacji, korzystając z lokalnej natury naszych ciał i związków..[90]

W niniejszym studium, chciałabym odnieść się jeszcze do myśli Arnolda Mindella, i po części również jego partnerki Amy Mindell, gdyż znajdujemy u nich bezpośrednią kontynuację badań nad kwestią relacji miedzy świadomością i materią. Arnold Mindell, jako fizyk i analityk jungowski, stawia nas przed pytaniem: *„jak świadomość kreuje rzeczywistość, i w jaki sposób przebiega nasz proces spostrzegania na różnych jej poziomach, tworząc różne modele, struktury i sposoby rozumienia tego, co nazywamy rzeczywistością".* A. Mindell nazywa ten paradygmat *processwork – pracą z procesem* [91]. Po kilkudziesięciu latach praktyki terapeutycznej i facylitatorskiej z klientami indywidualnymi i grupami, na całym świecie, opracował on model kontinuum świadomości, które rozciąga się od '*sfery rzeczywistości uzgodnionej*', poprzez '*krainę snu*', aż do *poziomu esencji*, który nazywany jest również '*czasem śnienia*' lub '*siłą ciszy*'.

Bycie w świecie według A. Mindella, przejawia się w tych trzech poziomach świadomości, z których każdy wiąże się z innym sposobem percepcji, jaki umożliwia oraz treści, które ujawnia. Pierwszy wymiar, można by rzec powierzchniowy, to *rzeczywistość uzgodniona społecznie*. Reprezentuje ona spostrzeżenia dotyczące czasu, przestrzeni, masy, oraz innych parametrów poddających się pomiarom ilościowym. Na tym poziomie, przebiegają nasze relacje oparte na znanych powszechnie zasadach i wytyczonych tradycją oraz prawem normach a także przekonaniach religijnych, politycznych czy naukowych danej epoki. Na tym poziomie funkcjonujemy [względnie] świadomie, tu planujemy, kontrolujemy, przeprowadzamy badania naukowe, których wyniki można falsyfikować, w ustalonych społecznie wzorcach normatywnych. Na tym poziomie, polityka to gra aktorów na scenie, wyznaczona zakresem zasad i ról, która przebiega na tle scenerii wyznaczonej przez system polityczny i ekonomie. Nie ma tu miejsca na niepodlegające procedurom prawnym i racjonalizacji emocje, pragnienia czy motywacje. Tylko dzięki takiej redukcji poznawczej, można było stworzyć iluzję kontroli procesów społecznych i ekonomicznych, która teraz po kolejnych falach kryzysu i zaskakujących przewrotów, ukazuje swoje zwodnicze, lunarne oblicze. Tutaj księgujemy, projektujemy, robimy ankiety i sondaże, zabiegi In vitro, sprawiedliwe wojny i uzasadnione egzekucje – jesteśmy panami życia, może, że ktoś akurat czuje się akurat ofiarą...

Jednak, gdy schodzimy w dół, pod powierzchnie konwenansu i nawykowego spostrzegania rzeczy, pojawia się poziom świadomości, który nosi miano *krainy snów*. Jest to przestrzeń doświadczania związana z fantazjami, subiektywnymi odczuciami, snami oraz postaciami z obszaru

[90] Mindell A., Siła ciszy, Wyd. KOS. 2007, s.149.

[91] Deep Democracy Principle and Attitude, Glosary; A. Mindell, Lider mistrzem sztuk walki, Wyd. MEDIUM, 1995.

snu, zbiorowych mitów...jungowskich archetypów, prawzorów ludzkiej psyche. Na tym poziomie pozostajemy sobie nieznani. Reprezentuje on podziemne nurty naszego życia wolne od ograniczeń czaso-przestrzennych, gdzie zjawiska zachodzą wielowymiarowo, nielokalnie, synchronicznie, podobnie uczucia i myśli mogą przybierać nieznaną nam skąd inąd intensywność czy kierunek oddziaływania, a pojawiające się obrazy, nie wynikają rzecz jasna z zapośredniczenia zmysłem wzroku, chociaż ich wyrazistość może być klarowna, a różnorodność ukazujących się form, nierzadko przekracza to, co znamy z poziomu uzgodnionej rzeczywistości. Stąd wnioskujemy o niewyczerpanym potencjale twórczym psyche nieświadomej, z tego właśnie źródła czerpią natchnienie poeci, odkrywcy, kapłani nowych epok.

Siłę ciszy, poziom esencji uprzytomniamy sobie w najmniejszym stopniu, pomimo, że stanowi pramacierz bycia i istnienia, jest to pierwotna massa confusa gnostyków, tao Laotsiego, kundalini tantrystów, wedyjski Brachman.... „słowo, które jest u Boga, gdy Bóg jest Słowem u św. Jana Ewangelisty... Fizycy kwantowi, dochodząc do tego poziomu mówią o *polach intencjonalnych*, w których pojawiają się jedynie *tendencje* do zaistnienia pewnych wydarzeń. To przestrzeń najdalej położona od naszej zorientowanej wokół funkcji ego świadomości. Ze światotwórczego potencjału esencji, wistaczają się wszystkie formy i znaczenia, dla Mindellów, jest to rzeczywistość kwantowego umysłu, gdzie podział na psyche i matter, jeszcze się nie dokonał, są one jednym światem...

Krainie snu oraz esencji poświęcimy nieco więcej miejsca, gdyż A.A. Mindellowie, wprowadzili potencjały z tych poziomów świadomości do pracy facylitatorskiej z dużymi grupami. Włączenie procesu wtórnego, który wypływa z nieobjętego przytomną uwagą, życia psyche daje dobre wyniki w rozwiązywaniu konfliktów społecznych, poczynając od tych związanych z kwestiami wykluczeń i marginalizacji mniejszości, poprzez pertraktacje pokojowe między wojującymi stronami, czy terapią traumy zbiorowej, tam gdzie miały miejsca szczególne nadużycia w relacjach międzygrupowych [Jugosławia, Afganistan, strefa Gazy...].

Dla większości współczesnych fizyków, twierdzi A. Mindell, świat kwantowy jest wymiarem przede wszystkim matematycznym, którego istoty nie można zmierzyć w kategoriach zwyczajnej rzeczywistości. Dlatego, wnioskuje dalej A. Mindell, codzienna rzeczywistość pochodząc z matematycznych wymiarów świata kwantowego nie mogłaby się pojawić bez wcześniejszej tendencji, czyli bez śnienia - jak by to ujęto w tradycji Aborygenów.[92],[93]. *A. Mindell, zwraca też uwagę na to, że potencjał kwantowy z jego tendencjami, urojonymi czasami i niepodzielną całością, zdaje się wykazywać te same właściwości, co ten najbardziej podstawowy grunt światotwórczy, jakim jest siła ciszy, esencja.* Z tego to obszaru wypływają owe 'tendencje do zaistnienia czegoś', co dalej się rozwijając, wprawi w ruch nasze ciało, pokieruje uwagą, przy której pojawią się myśli i emocje, za którymi pójdą dalsze dążenia.

---

[92] Mindell A., Śnienie na jawie, Wyd. KOS, 2009, s. 20.

[93] A. Mindell, łączą fizykę kwantowa z krainą snu Aborygenów, odwołuje się również do pracy Freda Alana Wolfa, pt. The Dreaming Universe: A mind Journey into Realm Where Psyche and Psychic Meet [Nowy Jork, Touchstone, 1995r.].

Ta sfera, choć stanowi potencjalną moc Logosu, jest prewerbalna, wrażeniowa, poczuciowa, pełna możliwości, które formatują się dopiero w krainie snów i stamtąd przenikają do uzgodnionej rzeczywistości. Świadomość w swej podstawie, wyraża się więc podobnie jak materia w powszechnym polu strunowym. Napotykamy tu z konieczności hiperprzestrzeń, którą możemy opisać albo w języku matematyki, albo percepcji – mówimy wtedy, że poza trzema czy czterema wymiarami życia codziennego, jest jeszcze coś, co działa, ale nie poddaje się żadnym wyjaśnieniom z tego poziomu. Ta hiperprzestrzeń, stanowi też zwykle najpewniejsze rozwiązanie dla problemów z rzeczywistości uzgodnionej, gdyż oznaczając, w tym wypadku, wzrost świadomości, sprawia, że stają się te kwestie problemowe czymś innym, zaczynają być inaczej przeżywane i dopełniają się – proces ten możemy nazwać również *SAMOTRANSCENDENCJĄ*.

Przyjrzyjmy się tym paralelom zachodzącym na poziomie esencji i pola strunowego, odwołując się do przykładu, jaki podał A. Mindell interpretując znaczenie odnośnie rozumienia czasu. Żeby te kwestię objaśnić, sięgnijmy do pojęć kairos i chronosa, jakich używano w starożytnej Helladzie. Kairos – oznaczał ten właściwy moment, aby, na przykład, wyruszyć na połów, czy w podróż. Dostrzeganie *kairos*, twierdzi A. Mindell, oznaczało percepcje pogody, ogólnego nastroju, intuicyjnie wyczuwanych zasobów sił oraz różnych irracjonalnych doświadczeń, jako źródła określającego obecność sprzyjających okoliczności lub ich brak[94]. W ten sposób czas postrzegany był wielowymiarowo, i jako taki wpisywał się w styl życia. Takie podejście do czasu spotykane jest na ogół u ludów preindustrialnych, żyjących w swoich odwiecznych siedliskach, w otoczeniu przyrody. Nigel Barley, robiąc badania antropologiczne wśród afrykańskiego ludu Dewaja, zetknął się z tym, gdy po sześciu tygodniach jałowych oczekiwań na zapowiedziane dawno już święto żniw, natarczywie zaczął wypytywać, dlaczego nie zaczynają obrzędów, które chciał koniecznie opisać. Odpowiedź Dewajów była prosta, że zaczną dopiero, gdy wszyscy się zbiorą, a kilku ludzi ciągle jeszcze nie doszło[95], więc nie nadszedł jeszcze kairos, jakby powiedziano w Helladzie, i trzeba było czekać... bo tak się rozwijała rzeczywistość, i nikt nie widział powodu, aby przyspieszać wydarzenia. Natura liniowo pojętego czasu jest inna. Nie próżno białobrody starzec Chronos - Ojciec Czasu, miał za małżonkę Ananke – boginię Nieuchronności. W starożytności wierzono, że Chronos wprawia w ruch koło Zodiaku, dzisiaj czuwa on nad przemijaniem czasu zegarowego. Cykle dnia i nocy oraz pory roku dawno przestały określać przepływ ludzkich zdarzeń, tam gdzie rozwinęła się maszyneria cywilizacji industrialnej. Ściśle określone przez kalendarz daty, czekają na wypełnienie przypisanych im przez człowieka wydarzeń, nomen omen, w języku angielskich zwanych 'deadline'. Spotkania w chronologicznym czasie mają swoje racjonalne przyczyny, i zmierzają ku założonym z góry efektom. Obecnie Chronos kontroluje nasze życie bardziej, niż kiedykolwiek – to poddający się przewidywalnym pomiarom czas rzeczywistości uzgodnionej. W hiperprzestrzenni nie działa on w ten sposób, tam Chronos przyobleka się w *Aeon* - czasem absolutny.

---

[94] tamże.

[95] N. Barley, Niewinny antropolog, Prószyński i Ska, Warszawa, 1997.

Na poziomie esencji, mamy do czynienia z polem intencjonalnym, które tak samo jak pole strun, jest oceanem wirtualnych fal prawdopodobieństwa - *tendencji*, które skierowane są w określone strony. Według A. Mindella, owe *tendencje* są głównym punktem, w którym krzyżują się psychologia i fizyka, a to z tego względu, że to jak się one rozwiną, decyduje o tym, które obrazy i opowieści, światy równoległe, hiperprzestrzenie zaktualizują się w spektrum w spektrum realności. Nielokalne wzorce[96] pragną realizacji, korzystając z lokalnej natury naszych ciał i związków – konkluduje A. Mindell[97]

Nasze ciała zlokalizowane są w jednym miejscu naszego istnienie, jednak z drugiej strony, ciało jest nielokalne, podobnie jak badane przez W. Heisenberga cząsteczki subatomowe, gdyż mają na nie wpływ nasze związki, grupy, wydarzenia w najbliższym otoczeniu i we wszechświecie, twierdzi A. Mindell. Na ciało ludzi wpływa nie tylko otoczenie społeczne, ale również ich emocje, przekonania i działanie, dlatego, również to, co dzieje się w nas zmienia świat, a co za tym idzie, nie możemy rozwiązać problemów łączących się z ciałem, skupiając się tylko na nim[98]. Życie nie mieści się w żadnym z ciał, ale jest wspólnym, wzajemnie powiązanym doświadczeniem, w które włączeni jesteśmy my, środowisko i we wszystko, co tylko istnieje[99]. Powyższe twierdzenia leżą u podstaw koncepcji '*głębokiej demokracji*', stanowiącej również formę '*pracy ze światem*', która nawiązuje w warstwie metodologicznej do teorii systemów[100].

Stanfod Siver, w swojej rozprawie na temat głębokiej demokracji, nazywa ją „psycho-socjo-politycznym paradygmatem, a także sposobem facylitowania dużych grup i zarządzania nimi, w którym zintegrowane są koncepcje z fizyki kwantowej, psychologii i antropologii. A. Mindell, posługuje się pojęciem oddziaływania polowego, które przenosi z dziedziny fizyki na grunt psychologii. Pole elektromagnetyczne generuje ruch cząsteczek subatomowych, natomiast pole społeczne sprawia, że ludzie czują się przez nie popychani ku pewnym aktywnościom, poprzez system ról, jakie ono ukształtowało, i w które automatycznie wpadamy[101]. Z rolami wiążą się bezpośrednio

---

[96] Nielokalność – teoria kwantowa, która zakłada istnienie związków pomiędzy cząsteczkami oddzielonymi przestrzenią i czasem. Ta teoria zastała wielokrotnie potwierdzona i pomimo obiekcji A. Einsteina, dzisiejsza nauka przyjmuje za fakt zjawisko, w którym cząsteczki pochodzące z tego samego źródła pozostają ze sobą w związku, który zachowuje się, jakby nie istniała między nimi odległość w przestrzeni i czasie. Oznacza to, że dwie cząsteczki, jak fotony pochodzące z tej samej żarówki, znajdują się ze sobą w związku, pomimo odległości tysięcy mil i setek lat. [...] Filozof Robert Nadeau oraz fizyk Menas Kafatos, omawiali wspólnie ten problem, i doszli do dramatycznej konkluzji, że fizyczna rzeczywistość [w ogóle] jest faktycznie nielokalna – ten fakt ich zdaniem jest najdonioślejszym faktem w historii nauki." W: Mindell A., Siła ciszy, s. 152.

[97] Mindell A., Siła ciszy, s. 148 – 149.

[98] Mindell A., Siła ciszy, s.15 .

[99] Mindell A., Siła ciszy, s.95.

[100] F. Capra, Punkt zwrotny, PIW, Warszawa, 1987, s. 363.

[101] W obrębie pola społecznego, możemy zająć tylko takie role, które zostały już wykształcone w danym czasie gdyż, jeśli jakaś osoba ma cechy niepasujące do żadnej znanej roli, po prostu jest społecznie nierozumiana, i albo jej odmienność jest niedostrzegana, albo zostaje wykluczona lub poddana czynnościom przystosowawczym. Ten ostatni przypadek możemy zaobserwować w społecznościach nieakceptujących roli osoby homoseksualnej. Kobiety i mężczyźni o takiej orientacji, poddawani są różnym praktykom heteroseksualizacyjnym, a jeśli nie dadzą one oczekiwanego skutku, osoba homoseksualna pozostaje zwykle w społecznym zawieszeniu, gdyż nie ma w polu rozwiązań prawnych i obyczajowych a przede wszystkim ról, które jasno określałyby status homoseksualnych relacji partnerskich i rodzinnych. Kiedy heteroseksualna kobieta decyduje się na stałe dzielić

rangi[102]. Rangi są bardzo ważne, choć często nieobjęte przytomną uwagą - stan zdrowia, wiek, rasa, przynależność religijna czy przekonania ideowe, płeć, zasoby finansowe, wykształcenie, odporność psychiczna, talenty – stanowią potencjał energetyczny, zarówno w wymiarze fizycznym jak i świadomościowym, którego połączenie decyduje o losach jednostek, grup, narodów... Na przykład, w Europie od połowy lat '30 minionego wieku, na duże ryzyko śmierci narażeni byli wolnomyśliciele, którzy chcieli i potrafili inspirować innych do korzystania ze swojej niezależności. Co ciekawe, reżim faszystowski podobnie jak bolszewicki, promował posłusznych, indyferentnych wykonawców swojej woli, a także osobników pozbawionych wszelkich zahamowań moralnych – i według tego klucza, odbyła się wielka selekcja narodów tego świata, której konsekwencje są nader widoczne obecnie.

Według A. Mindella, celem *pracy ze światem* jest przede wszystkim wprowadzenie w obręb pola społecznego, jak najwyższego poziomu zdolności do zauważania tego, co dzieje się w relacjach i umożliwienie wypowiedzenia się wszystkim głosom, które kształtują daną całość wzajemnych odniesień. Zwykle bowiem jest tak, że mówią Ci, którzy reprezentują centrum, a reszta jest automatycznie marginalizowana, a nawet dokonuje autowykluczenia, w akcie nawykowej reakcji na swoją rolę społeczną[103]. A. Mindell zauważył, że te marginalizowane przez większość głosy, zwykle wyrażają zarówno przyszłe kierunki rozwoju danej zbiorowości, ukazując, jakie treści natury poznawczej czy obyczajowej są poddane represji i chcą się ujawnić, albo wyrażają te uczucia i pragnienia, które ważne są dla wszystkich, ale dominujące w polu siły tłumią je, co prowadzi do narastania sytuacji konfliktowych. Psychologia procesu, zauważa kreatywną rolę konfliktów i walki, gdyż ten typ relacji sprawia, że zwaśnione strony wyjątkowo dobrze mają okazję się poznać, wymieniają się energią, i w kiedyś dojdą do konsensusu. Każdy reżim totalitarny w końcu upada, każda awantura ginie w ciszy, żadna bitwa nie trwa dłużej niż kilka dni, gdyż to nie walka, ale zjednoczenie i pokój są tym pożądanym, przez wszystkie ludy tego świata, stanem do którego, mniej lub bardziej świadomie, zmierzamy w procesie dziejowym. Przechowujemy w pamięci zbiorowej wielkie mity, które mówią o przeznaczeniu ostatecznym ludzkości, jakim jest Nowe Jeruzalem, Miasto Słońca, powrót do raju utraconego...

życie ze swoim partnerem, ma wsparcie państwa i krewnych. Jednak, gdy taką decyzję podejmują kobiety homoseksualne, pole społeczne wypycha je na margines, bądź likwiduje albo ich relacje, jako niemożliwą do pomieszczenia, albo nawet one same jako osoby zostaną jawnie lub potajemnie zlikwidowane. Podobnie rzecz się ma z nowymi poglądami religijnymi, politycznymi, a także naukowymi. Gdy w minionych epokach obowiązywał pogląd, że Ziemia jest płaska, każdy dowód na to, że może być inaczej traktowany był, jako aberracja umysłowa, a jego wyznawcę czekał los heretyka. Heretyk, to taka rola, która zasysa wszystkich, którzy nie mieszczą się w obrębie ról już wypracowanych w obrębie pola społecznego.

[102] Ranga, jako suma przywilejów przynależnych poszczególnym osobom [i grupom]. Ranga wynika z cech fizycznych, psychicznych, ale również z przynależności rasowej, religijnej, płciowej, rodowej oraz z zamożności, która zwykle jest skutkiem pozostałych rang; wyznacznikiem rangi jest też wykształcenie oraz talenty.

[103] Podstawowa metodologia [pracy z grupa] wymaga użycia podwójnej świadomości a także postawy w/łączenia i współtworzenia grupowej spójności. Z jednej strony świadomością objęta zostaje zawartość i powierzchowna dynamika grupy. Jednak druga świadomość ogniskuje się na mikrosygnałach; tendencjach samoorganizujących; subiektywnych doświadczeniach; i wreszcie własnych przeżyciach facylitatora, które pozostają zorganizowane przez te same siły, które organizują grupę i stanowią odbicie procesów zachodzących w grupie.

A. Mindell, wprowadzając pojecie głębokiej demokracji podkreśla, że wszystkie części danej całości są tak samo istotne, gdyż centrum bez obrzeży nie byłoby możliwe - jeśli chcemy zrozumieć złożoność architektury budynku, nie możemy skupiać uwagi przede wszystkim na jego fasadzie. Głęboka demokracja jest doświadczeniem przepływającego procesu, na który składają się różne punkty widzenia, emocje i uczucia także te bardzo osobiste, z zasady nieujawniane w dyskursie publicznym, a jednak nierzadko decydujące o jego przebiegu w sposób zasadniczy, marzenia i fantazje, symptomy cielesne, odmienne stany świadomości, synchroniczności, role, i strukturalna dynamika interakcji pomiędzy częściami włączonymi w dany proces[104].

Głęboka demokracja, jako metoda pracy ze światem, opiera się przede wszystkim na dążeniu do wsparcia wszystkich stron dialogu społecznego w taki sposób, aby mogły ujawnić się różne, konkurujące z sobą punkty widzenia. Ujawnić się, znaczy wypowiedzieć swoje racje i emocje, które tym racjom towarzyszą. Nie chodzi tu więc tylko o anonimowy akt głosowania, tak jak to ma miejsce w wyborach powszechnych, w którym oddajemy swój głos przedstawicielom, którzy za nas maja mówić. Oddając głos, w pełnym tego słowa znaczeniu, często zostajemy pozbawieni możliwości wyrażenia swoich autentycznych potrzeb czy obaw. Duże, państwowe organizmy, potrzebują jednak procedur umożliwiających centralizację władzy, co za tym idzie, nieuchronnie generują system wykluczeń, dla wszystkiego co mniejszościowe, co nie mieści się w wizji rzeczywistości reprezentowanej przez główny nurt. W epoce zdominowanej przez medialne przekazy, ten kto ma władzę, ten ma kontrolę nad zbiorową świadomością, epokowym zaśnieniem.

Umysł partycypujący i proces samotranscendencji

Pytanie czy to byt określa świadomość, czy też świadomość określa byt, przywodzi na myśl, kwestię, z którą ludzkość boryka się od zarania myśli filozoficznej i naukowej, a która ciągle nie została rozstrzygnięta: co było pierwsze: kura czy jajko? Odpowiedź, jaką możemy znaleźć, śledząc wnioski płynące z odkryć współczesnej fizyki kwantowej i psychologii, która pracuje z transpersonalnymi stanami świadomości, tak jak ma to miejsce w przypadku psychologii analitycznej czy procesowej, wskazuje na nierozdzielność materii i psyche. To sposób, w jaki percypujemy rzeczywistość sprawia, że pewne zjawiska pojawiają się w niej jako materialne, inne jako psychiczne, natomiast status ontologiczny liczb czy idei, trudno jednoznacznie określić redukując sferę Ducha czy Świadomości Uniwersalnej, która nie związaną jest z personalnym doświadczaniem, podobnie jak trudno wyobrazić sobie istotę ludzką, której całkiem obce jest doświadczenie piękna czy dobra.

Ludzie miłujący wiedzę, poprzez wieki rozwijali metody i teorie, dzięki którym rozpoznawali swój umysł i jego możliwości. Dla starożytnych uczonych Egiptu, Hellady, czy Indii to nie rozwój technologii był celem, ale rozwój świadomości tego, kim jestem i co się wydarza. Na całej ziemi człowiek wznosił świątynie, symbolizujące jego związek z twórczym źródłem istnienia, tylko

---

[104] EVOLUTION OF DD .

współczesność zna kult ego - najbardziej znikomej części nas samych i buduje domostwa, które są tak kruche, jak nasze zestrojenie z uniwersum. Wychodzenie poza granice ego, oznacza wejście w obszary dotąd nieznane i na tym właśnie polega wpisany w rozwój życia proces *samotranscendencji.* Rozdymanie struktury ego natomiast sprawia, że zamiast włączać się w wielkie misterium uniwersalnego bytu, powiększamy obszar lęku przed nieuniknioną śmiercią i poczuciem bezsensu egzystencji, o czym w XX wieku napisano więcej niż w całych dziejach ludzkości.

Immanuel Kant, zauważył, że czas i przestrzeń są tylko ramami, wewnątrz których umysł jest ograniczony do konstruowania swojego doświadczenia rzeczywistości. W tym samym nurcie, wypowiadał się później Alfred North Whitehead, dla którego obiekty w przestrzeni, to wytwory umysłu, błędnie przez nas interpretowane, jako odnoszące się do świata zewnętrznego – te stwierdzenia zyskują swój szczególny koloryt, zważywszy na to, że zostały wypowiedziane przez fizyka, matematyka i filozofa. Nauka klasyczna, sztucznie podzieliła naturę na odrębne fragmenty, zauważa w *„Belonging to Universe"* Fritiof Capra, i to doprowadziło do wielkiej fali kryzysu, który sprawia, ze lawirujemy na cienkiej linii samozagłady. Mechanistyczna wizja natury I. Newtona wzmocniona kartezjańskim dualistycznym programem, gdzie do res cogitas, związanej z funkcjami „ja", przynależała świadomość, a świat fizyczny został potraktowany, jako bezwładna res extensa. Te wizje rzeczywistości, doprowadziły ludy Zachodu, do nieprawdopodobnie zintensyfikowanych działań zorientowanych na podbój przyrody, która traktowana jako rzecz rozciągła, została całkowicie uprzedmiotowiona. Zapomnieliśmy o tym, albo nie chcemy tego poddać rozumnej refleksji, że jest to pewien *punkt widzenia, którym się zahipnotyzowaliśmy – nic więcej!* Kartezjańsko – newtonowskich założeń nikt nigdy nie udowodnił, zauważa Henryk Skolimowski[105], ale poszliśmy za nimi, bo przyrzekały więcej niż dogmatyka kościelna w wiekach XIV czy XV, i były nęcące, jako wielka przygoda człowieka, który oszołomiony wielkością swoich możliwości intelektualnych, uwierzył, że poradzi sobie bez rozwoju sfery moralnej i sakralnej, dokonując wielkiego aktu samowyzwolenia, dzięki świeckiej nauce[106]. Skutki tego są takie, że rozwój w dziedzinie technologii przerósł nasze możliwości zintegrowania zasobów energii dodanej, jakie on wyzwolił, z możliwościami, którymi dysponujemy w sferze kultury. Ciągle nieprzepracowana przez gatunek ludzki potrzeba dominacji, sprawia, że technologia, która mogłaby nas wyzwolić od pracy wysiłkowej, staje się, w skali globalnej, zagrożeniem dla naszego przetrwania i szeroko pojętego dobrostanu. Z drugiej strony, rozwój samoświadomości zorientowanej na dobro wspólne, stał się tematem zepchniętym na margines, co szczególnie niepokojące, również w naukach społecznych…

Dualizm i antropocentryzm zdominowały nasz sposób spostrzegania rzeczywistości i myślenia naukowego. W swoim podejściu do poznania pozwoliliśmy sobie nie zauważać, że badacz, stanowi część sytuacji badawczej, w której uczestniczy. Po prostu sposób jego pojmowania,

---

[105] H. Skolimowski, J.K. Górecki, Zielone oko kosmosu. Wokół ekofilozofii w rozmowie i esejach, ALTA2, Wrocław, 2003, s. 38.
[106] tamże.

uważność, motywacje itp., nie są brane pod uwagę w opracowaniu wyników. Res cogitas, właściwa człowiekowi nie ma właściwości lustra, sprawia natomiast, że jesteśmy artystami malującymi obrazy świata, na miarę własnych zdolności, pasji i kierunków zainteresowań. Dziecięcy samozachwyt sprawił, że odrzucając religię, sami postawiliśmy się w miejscu Boga, pojętego w sposób charakterystyczny dla judeochrześcijańskiej kultury, jako transcendentnego wobec stworzenia, który ma władzę obiektywnie spoglądać z góry, na to co się wydarza wokół, i co więcej mierzy to i robi zapiski! To podejście wykreowało zjawisko, które H. Skolimowski nazywa *antropocentryzmem złośliwym* w imię, którego człowiek może niszczyć inne formy życia, co stanowi ideowe podłoże ekologicznych i politycznych katastrof. Wyobrażając sobie, że jesteśmy miarą wszechrzeczy i panami stworzenia, wpadliśmy w sidła pychy podszytej ignorancją[107].

Wyjście poza antropocentryzm z kolei, relatywizuje znaczenie naszych doświadczeń, niniejszym po Einsteinie, musimy pokornie zauważyć, że tak zwane „zdroworozsądkowe" teorie rzeczywistości upadły – jak zauważa W. Tatarkiewicz[108]. Podejście badawcze proponowane przez C.G. Junga, potem M. Louis von Franz, czy Amy i Arnolda Mindellów, którego zarys został przedstawiony w niniejszym studium, dotyczącym problematyki *współistnienia świadomości i materii, możemy określić jako organistyczne, holistyczne i finalistyczne, gdzie przeważa argumentacja teleologiczna.* Co istotne, podejście organistyczne nijako prowokuje holizm, jako perspektywę poznawczą, trudno bowiem kształtować sobie wizję żyjącej całości, przyjmując kategorie mechanistyczną i specjalistyczną. W. Fuller, poczynił kiedyś ciekawą uwagę, że gdyby natura chciała uczynić nas specjalistami, mielibyśmy teleskop w jednym oku, a mikroskop w drugim.

Zmiana paradygmatu w nauce pociąga za sobą zmianę tożsamości zarówno naukowców, jak i mentalności społecznej, czyli wiąże się z prze-in-formatowaniem tego, jak się nam pojawia rzeczywistość. Nie dzieje się to szybko, zważywszy, że dyskurs dotyczący współistnienia materii i świadomości, w obszarze fizyki i psychologii toczy się już od niemal wieku. W podejściu zaproponowanym przez A.A. Mindellów, znajdziemy wyraźne wpływy psychologii postaci W. Kohlera, która mówi o tym, że w życiu psychicznym całość jest zawsze pierwotniejsza od części, gdyż części nigdy nie występują samoistnie, a całości nie formują się przez sumowanie części. W świecie psychicznym i fizycznym występują te same postacie – gestalt. Te same rytmy w ciele i świadomości, zależne są od stanu emocjonalnego i przekładają się bezpośrednio na zachowania, odsłaniając przed nami jeden strumień życia. W psychologii transpersonalnej, centralnym punktem odniesienia jest Jaźń, tak jak ją rozumie choćby szkoła jungowska, jako coincidentia oppositorum – zbieżność i równoczesność wszelkich przeciwieństw, w tym przeciwieństwa materii i psyche. W procesie wzrostu świadomości, ego przekracza granice osobniczej historii, wchodząc w przestrzeń tego, co kolektywne, sakralne, wreszcie uniwersalne. Długa to droga i bolesna, bo granice niewiedzy, są też granicami bezpiecznego lasu, gdzie można się schronić przed wyzwaniem stawianym przez nieznaną przestrzeń,

---

[107] tamże, s. 46.
[108] Tatarkiewicz W., tom III, s. 326.

zwykle jednak pojawia się jakiś pożar, susza, lub potop, który zmusza nas do porzucenia swojskich chaszczy.

Antropocentryzm, możemy zastąpić *kosmo-teo-centryzmem*, jak to postuluje transpersonalny nurt w psychologii i niektóre kierunki z obszaru fizyki kwantowej, lub nawet ekofilozofii. Psychologia jungowska wprowadziła w obieg myślenia teoretycznego, swoiście przez nią rozumiane fenomeny kolektywnej nieświadomości, archetypów i Jaźni, i co za tym idzie synchroniczności, które rozwinięte zostały przez A. Mindella w koncepcji *umysłu kwantowego* z jego poziomem esencji i krainy snów, jako światów równoległych wobec rzeczywistości uzgodnionej. H. Skolimowski, wychodząc przede wszystkim z pozycji filozofii troskliwej, mówi o *umyśle partycypującym*, jako nowej teorii poznania i świata[109]. Umysł partycypujący jest nieuchronną częścią partycypującego Kosmosu. Astrofizyk, Archibald Wheeler, z którym nasz filozof dyskutował tę kwestię, ujął to metaforycznie, twierdząc, że *oko, przez które człowiek ogląda Kosmos, jest okiem Kosmosu, poprzez które on [Kosmos] patrzy na siebie – za nasza sprawą. Częścią ewolucji świata biologicznego i świata ludzkiego jest dążenie do samotranscendencji*, dlatego, na przykład, w myśli H. Skolimowskiego czy Kena Wilbera, znajdziemy twierdzenie, że transcendencja jest częścią struktury Kosmosu, jego siłą kierunkową, dlatego cokolwiek się dzieje we Wszechświecie, w życiu kultur i człowieka w ogóle, napędzane jest przez te immanentną wolę, która sprawia, że świat rozwija się dalej, aby realizować potencje w nim zawartą. *Samotranscendecja prowadzi więc do samorealizacji*, poprzez wykształcenie się coraz bardziej subtelnych wrażliwości odbiorów i artykulacji świata. Kosmos samorealizuje siebie poprzez swoje kreacje, a jedną z nich jest człowiek. Poprzez partycypację w coraz to rozleglejszych pokładach naszych możliwości, odtwarzamy świat na miarę naszych wglądów, współtworzymy go.

Umysł zastany, tradycyjny – monistyczny, czy empiryczny – ukształtował w pewien sposób nasze kategorie myślenia i nasz język, dlatego każde wykroczenie poza te kategorie, wywołuje zgrzyt i w myśleniu i w języku – zauważa H. Skolimowski. *Koncepcja umysł partycypującego, wprowadza w miejsce dualizmu, monizm, który nie jest ani dualistyczny ani materialistyczny, ani idealistyczny, ani mentalny. Jest postulatem jedności umysłu, świata i wiedzy, w ich twórczym procesie*[110].

Autentyczne mentalnościowe i paradygmatyczne porzucenie mechanicyzmu i dualizmu w podejściu do kwestii relacji pomiędzy świadomością i materią, zasadniczo wpłynęłoby na dalszy rozwój kultury, w tym sposobu myślenia naukowego i decyzje o charakterze społeczno – politycznym w świecie, gdyż musielibyśmy przestać utwierdzać się w przekonaniu, że świadomość związana jest tylko z człowiekiem, a konkretnie z jego funkcjami psychicznymi. Czy z tego miejsca, nie powinniśmy się zastanowić, nad powrotem do *nauki i edukacji o charakterze integralnym, gdzie głównym celem kształcenia, byłoby przygotowanie człowieka do życia nastawionego na rozwój świadomości w zgodzie z sobą samym, społecznością, Natura i Kosmosem* – choćby przy

---

[109] Henryk Skolimowski, The Participatory Mind: A New Theory of Knowledge and of the Universe. Penguin/Arkana, 1994.
[110] H. Skolimowski, Zielone oko kosmosu, rozdz. s.15.

wykorzystaniu takich narzędzi, jakie opracował A. Mindell, w ramach głębokiej demokracji i pracy ze światem[111]. Pomimo, że homo faber jest przekleństwem tej planety i zabójcą własnej wrażliwej duszy, *tworzymy kulturę gdzie człowiek sprowadza siebie, do poziomu narzędzia, służącego do obsługi technokratyczno – biurokratycznej maszyny cywilizacyjnej.* Czy temu celowi powinna być podporządkowana edukacja i system celów społecznych, jakie chcemy zrealizować, będąc tu na ziemi przez krótką chwilę? Czy praca wytwórcza, przez 8-10 godzin na dobę, ma prawo wypierać twórczość, choćby taką, jak uprawa własnego ogrodu, czy wspólne śpiewanie wieczorem? Czy dążenie do poznania siebie i świata, powinno być zastąpione przez eksploatacje, bezduszną, własnych i naturalnych zasobów, na rzecz wzrostu gospodarczego, i bogacenia się nielicznych właścicieli korporacji i globalnych sieci bankowych, kosztem wysiłku większości? Czy w takich okolicznościach możemy w ogóle mówić o demokracji? Czy wreszcie idea wzrostu gospodarczego, powinna determinować nasze decyzje polityczne i ekonomiczne, czy raczej idea wzrostu świadomości? Czego naprawdę potrzebujemy? ...

---

[111] [111] Mindell A., Siła ciszy, Wyd. KOS. 2007.

PSYCHOLOGICZNE PRZESŁANKI JEDNOŚCI I WSPÓLNOTY LUDZI.

Ubóstwienie ego, śmierć Antroposa i narodziny Androida

„wspólnota bez wolności jest równie przerażająca, jak wolność bez wspólnoty"

Z. Bauman, Ponowoczesność, jako źródło cierpień.

Wydobycie niejawnych znaczeń wspólnoty i jedności ludzi poprzez odnalezienie ich korzeni w nieświadomych i transpersonalnych pokładach psychiki zbiorowej, stanowi temat poniższych rozważań. Opracowanie tej kwestii to jeden z wielu kroków na drodze do pełniejszego rozpoznania potencjału, jaki tkwi w ludzkiej skłonności do współistnienia zarówno w sferze psychologicznej jak i ekonomicznej, politycznej czy duchowej. Podjęta jest tu również próba omówienia tego, w jakim zakresie doświadczanie wspólnoty i jedności między ludźmi, narzuca się psyche, jako przynależne do sacrum[112] i przenosi się na kształtowanie różnych form życia zbiorowego, które przeżywane są przez indywiduum, jako *NADRZĘDNE* wobec jego woli. Owa nadrzędność, oznacza na poziomie doznań o charakterze czysto emocjonalnym przekonanie o słuszności decyzji płynących „z góry" oraz narzucającej się uległości wobec nich, która to uległość i towarzyszące jej *tremendum*, jest wprost proporcjonalne do uwewnętrznienia przez poszczególną jednostkę czy grupę wartości i przekonań reprezentowanych przez liderów oraz instytucje i prawa.

Badania tu podjęte prowadzone są w dziedzinie nauk humanistycznych, czyli interpretacyjnych i rozumiejących, co już z góry określa horyzont metodologiczny w ramach, którego możemy się poruszać. Charakter tego opracowania cechuje interdyscyplinarność, omawiana tu problematyka mieści się, bowiem na styku psychologii, filozofii i nauk politycznych. Objaśnianie związków między procesami psychicznymi, kulturowymi i społecznymi jest wyrazem odwiecznej ciekawości człowieka odnoszącej się do pojęcia tajemnicy jego własnej natury oraz istoty świadomości [Jaźni]. Hermeneutyczna psychologia XX wieku opracowana przez S. Freuda, C.G. Junga czy współczesnych ich kontynuatorów takich jak E. Edinger, A. Mindell czy K. Wilber, przedstawia w nowym świetle pewne determinanty i wzorce rozwoju człowieka, jako jednostki, ale również, jako, Antroposa – Człowieka samego w sobie, uobecnionego w każdym indywiduum, poza granicami wyznaczanymi przez czas i przestrzeń. Archetypowy Antropos, jest zaś tylko jedną z form manifestacji Jaźni Transpersonalnej, dlatego wyznaczenie granic rozwoju świadomości istoty ludzkiej

---

[112] Pomiędzy sacrum a profanum sytuują się takie przejawy życia zbiorowego jak: rada starszyzny plemiennej; agora ateńska, wybór króla czy papieża i przejawy posłuszeństwa wobec ich władzy; obrady parlamentu zwłaszcza, gdy dotyczą spraw powszechnie uważanych za ważne czy przełomowe; uniesienia towarzyszące na całym świecie wiecom w obronie wolność, braterstwa, sprawiedliwości czy z powodu zwycięstwa w wojnie; przeżywanie żałoby z powodu kataklizmów wynikających z niszczycielskiego działania żywiołów i śmierci oraz cierpienia wielu członków danej społeczności czy utrata przywódców również budzą ducha wspólnotowego, który niweluje podziały społeczne, unosząc świadomość zbiorową na poziom doświadczenia jedności [Jaźni] w obliczu „wyższej sprawy", która zaciera znaczenie tego co mniej ważne i pozwala o tym zapomnieć – na pewien czas.

jest niemożliwe, a idee religijne, polityczne i przekonania organizujące codzienność zmieniają się z epoki na epokę - to, co wczoraj wydawało się normą niepodlegająca dyskusji, dziś jest postrzegane, jako przesąd i powód do wstydu [wojny religijne, palenie czarownic, niewolnictwo, eksterminacja Żydów, wykluczenie społeczne i marginalizacja osób homoseksualnych, niepełnosprawnych zwłaszcza psychicznie, segregacja rasowa, klasowa itd.]. Oczywiście nie wszystkie społeczności przekroczyły granice tych uprzedzeń i nienawiści jaką one są podszyte[113]. Nasza świadomość ewoluuje ciągle, zarówno wymiarze jednostkowym jak i gatunkowym i doprawdy trudno sobie wyobrazić jej zakres za lat pięćset czy tysiąc, a nawet pod koniec XXI wieku!

Wychodząc od teorii psychologii zbiorowej S. Freuda, mamy szansę dotrzeć do głębokiego znaczenia więzi erotycznej, jako czynnika spajającego ludzkość[114]. Figura i symbolika Erosa została użyta przez starego S. Freuda w jej antycznym sensie, jako wyraz energii, której celem jest ekspansja życia i łączenie w większe całości tego, co oddzielone. Na przeciwnym biegunie sytuuje się Tanatos, symbolizujący popęd śmierci, czyli rozkładu tego, co witalne do stanu materii nieożywionej.

Rozwój indywidualny człowieka, według psychologii freudowskiej, jest więc następstwem interferencji dwóch dążeń: dążenia do szczęścia i dążenia do zjednoczenia się z innym we wspólnocie, które to dążenie określić możemy mianem altruistycznego. Nasza kultura, posłuszna jest wewnętrznej pobudce erotycznej, która każe nam łączyć się w ściśle związaną zbiorowość i stanowi konieczną fazę rozwoju świadomości gatunku. Oznacza to, według S. Freuda, że *wewnątrz ludzkości przebiega specyficzny proces, pozostający w służbie Erosa, który pragnie spoić w większa jednostkę rozproszone indywidua ludzkie, później zaś także rodziny, plemiona, ludy, narody w powszechną ogólnoludzka wspólnotę.*[115]

Ciekawe jest jego stwierdzenie, że stadność jest dalszym przejawem skłonności wszystkich jednogatunkowych istot żywych do łączenia się w coraz to większe jednostki, co stanowi prostą kontynuację wielokomórkowości organizmów żywych w ogóle. Z punktu widzenia freudowskiej energetyki popędowej, za sprawą dodania komponentu erotycznego, popędy egoistyczne zorientowane na osobnicze przetrwanie i zaspokojenie potrzeb biologicznych zostają przekształcone w popędy społeczne, gdyż ludzie cenią sobie przywilej bycia kochanym, jako ten, ze względu, na który wyrzec się potrafią innych przywilejów. W ten sposób właśnie, popędy egoistyczne zostają przekształcone w popędy altruistyczne, społeczne.

---

[113] W ostatnich latach, chwalebną satyrą na poprawność polityczną ludzi Zachodu i nierównomierny rozwój poziomu świadomości w wymiarze globalnym, był film „Borat" w reżyserii L. Charles'a.
[114] S. Freud podobnie jak C.G. Jung psychologią zbiorowości w odniesieniu do zjawisk natury społecznej zajęli się w ostatnim etapie ich pracy naukowej, niezależnie od siebie [choćby ze względu na dzielącą ich różnice wieku]. Może dlatego, obaj zaznaczają, że tylko zainicjowali tę problematykę na gruncie psychologii nieświadomości. Psychoanaliza z czasem została szczególnie kreatywnie zastosowana do objaśniania zjawisk natury społecznej w teorii krytycznej szkoły frankfurckiej, choć nie tylko, bo nie mniej istotny w tym zakresie jest również jej odłamy kulturowe [pierwsi dysydenci: E. Fromm, K. Horney, H. Sullivan, „politycy": J. Cremerius, H.E. Richter; krytyczna szkoła społeczna: H. Dahmer, K. Horn, A. Lorenzer, A. Mitscherlich, antropolodzy: E. Erikson].
[115] S. Freud „Kultura, jako źródło cierpień", w: Pisma społeczne, Wydawnictwo KR, Warszawa 1998, s. 209 .

Te wysiłki, które mają na celu kształtowaniu wspólnoty, wynikają, więc ze skłonności do altruizmu. Natomiast egoistyczne dążenia, z punktu widzenia psychologii freudowskiej, które powiązane są bezpośrednio z autoerotyzmem i narcyzmem, skazane są wcześniej bądź później, na unicestwienie przez Tanatosa, gdyż sprzeciwiają się zachowaniu życia ogółu, na rzecz indywidualnej korzyści poszczególnego osobnika. Stąd zewnętrzne przymusy kulturowe i wyrzeczenie wiodą przez altruizm do wspólnoty, natomiast wewnętrzne, wrodzone przymusy popędowe, generują egoizm i rozbicie dążeń wspólnotowych. Dlatego właśnie, nadmiar egoizmu, w tym kontekście, niewątpliwie doprowadza do rozkładu społeczności i konfliktów, przejawiających się w różnych formach walki i niszczenia[116].

S. Freud, wychodzi z tezą, którą spotkamy również u C.G. Junga, mianowicie, że energia libido, prze w relacjach do zjednoczenia płciowego, ale również do miłości w ogóle, w tym miłości ogólnoludzkiej, a o samej istocie duszy zbiorowej, stanowią przede wszystkim więzi natury uczuciowej, nie zaś jak się przyjęło myśleć, ekonomicznej czy socjobiologicznej. Tezę tę potwierdzają zwłaszcza zachowania ludzi uwikłanych w konflikty, gdy spirala wzajemnej nienawiści rozszerza się, a moralne i fizyczne zniszczenie drugiej strony, staje się jedynym wyznacznikiem sensu działań, bez względu na ryzyko ekonomicznej klęski a nawet kalectwa i śmierci własnej i najbliższych. Mnogość relacji międzyludzkich podszytych wzajemną agresją w mikro i makroskali, określa dramatyzm naszej egzystencji rozdartej pomiędzy dążeniem do ogólnoludzkiej wspólnoty ponad podziałami a osiągnięciem indywidualnej korzyści kosztem innych.

Tak jak w przypadku jednostki tak i również w procesie rozwoju całej ludzkości jedynie Eros, jako Miłość[117] jest czynnikiem kulturotwórczym, w sensie zwrotu od egoizmu do altruizmu, którego dążenie nastawione jest na to, aby z wielu uczynić jedno. Libido, jeśli jest wysublimowane na poziom pracy dla kultury, podtrzymuje i utrwala kooperację, hamuje agresję, a to z kolei przyczynia się do wytworzenia więzi uczuciowych, które przedłużają i podtrzymują związki między ludźmi, sprawiając, że są one trwalsze niż możliwe korzyści własne każdego z osobna. W zbiorowości jedynie, twierdzi S. Freud, działają ograniczenia narcystycznej miłości własnej, których nie spotykamy poza nią[118]. **W** „Kulturze jako źródle cierpień", dodaje on, że ***nie wie, dlaczego tak się dzieje, i wszystko co może powiedzieć, to tyle, że takie jest po prostu dzieło Erosa, sprawiać, aby rzesze ludzkie czuły się wzajemnie ze sobą zjednoczone.*** [119]

Warunkiem koniecznym zawiązania się i trwania wspólnoty jest utożsamienie się wszystkich członków danej zbiorowości z jakimś „ideałem ja", wyrażonym najpierw przez oddanie temu samemu

---

[116] Dziś właśnie, kiedy pisałam te słowa media doniosły o samobójczym ataku terrorystycznym w Moskwie [24 stycznia 2011] – dziesiątki ofiar śmiertelnych, ponad setka rannych, a to dopiero początek. W kolejnych aktach odwetu, ze strony imperium Rosyjskiego, stracą życie, bądź wolność kolejni ludzie i ta wzajemna agresja będzie trwać, aż do momentu, kiedy okaże się możliwy pokój, bo każdy konflikt, nawet najbardziej zażarty zdałoby się beznadziejny znajduje swoje rozwiązanie.

[117] „istnieje miłość i Miłość. Istnieje gołąb i istnieje wąż. Wybieraj mądrze". Księga Praw, wers 1:57

[118] S. Freud, Psychologia zbiorowości i analiza ja w: Pisma społeczne, Wydawnictwo KR, Warszawa 1998, s. 83

[119] S. Freud „Kultura jako źródło cierpień", w: Pisma społeczne, Wydawnictwo KR, Warszawa 1998, s. 209.

panu, który ich broni i stoi na straży przestrzegania praw, a na wyższym poziomie rozwoju świadomości, będą to już uwewnętrznione przez indywidua przekonania o wyższej słuszności ich wierzeń, zwyczajów i politycznych regulacji, wobec których czują „bogobojny" respekt i gotowi są do ofiar, aby strzec ich i bronić przed wpływem innych wzorców obyczajowych i systemów przekonań. W ty sensie identyfikacja z różnymi obrazami i treściami „nad ja", dzieli ludzkość na społeczności, niepotrafiące znaleźć drogi do wzajemnego zrozumienia, gdyż droga ta wiedzie przez Erosa, wypełniającego sferę kolektywnej i indywidualnej nieświadomości. Stąd miłość i przyjaźń miedzy ludźmi przynależącymi do izolowanych od siebie klas społecznych, narodowości, ras i religii zawsze była możliwa, natomiast na przeszkodzie jej stały przekonania wypracowane w sferze kultury [nad ja], które racjonalizowały znaczenie separacji wolą boską bądź inną wolą nadrzędną.

Gdy identyfikacja ze wspólnym „nad ja" jest pośród członków społeczności intensywna, wówczas wzrasta między nimi poczucie spójności, zaczynają nazywać siebie „braćmi w Chrystusie", „synami i córkami Izraela", „dziećmi rewolucji" itp. Miłość łącząca poszczególne indywidua z ich reprezentacją „ideału ja", jest gwarancją ich miłości wzajemnej. Kiedy to centrum jednoczące z jakichś powodów zanika, duch wspólnotowy upada, rodzi się wzajemna wrogość i egoizm, można spodziewać się walki.

Archetypowe opracowanie symboli jedności, zaczerpnąć tu można z losów hordy pierwotnej. S. Freud zaproponował ten mit, w celu wyjaśnienia filogenezy kształtowania się swoistej matrix psychologii człowieka, sama ontogeneza po prostu nie przestała być wystarczająco pojemna jako teoria, za pomocą której można było wytłumaczyć niektóre skłonności psychologii zbiorowej, zwłaszcza trudną do pojęcia jakimikolwiek racjami agresywność człowieka a dalej nieunikniony rozpad wszystkich organizmów żywych w ogóle. Wydarzenia pierwszej wojny światowej, tak trudne dla ojczyzny Freudów jak i całej rodziny[120], wymuszają rewizje teorii popędów i końcowy wniosek S. Freuda o nieredukowalności popędu śmierci. W pracy „Człowiek imieniem Mojżesz i religia monoteistyczna", S. Freud zaproponował mityczną wizje losów pierwotnej hordy ludzkiej, która aby przetrwać, musi dojść do tego poziomu rozwoju samoświadomości, dzięki któremu jest w stanie kontrolować wzajemna agresję, oddając nadwyżki energii libido na rzecz pracy kultury, natomiast bestialskie, mordercze i kazirodcze skłonności, wypierając w niekończący się chaos treści nieświadomości zbiorowej. W tym kontekście, człowiek pozostaje rozdarty między jednoczącymi siłami popędowymi Erosa a rozkładającą życie organiczne na elementy pierwsze energią Tanatosa, której siła sprawia, że wszelkie zjednoczenie materii i ducha, zostaje pogrążone ostatecznie w rozkładzie śmierci. Przypomnę krótko podstawowe figury w micie freudowskim: spojona lękiem horda dzikich humanoidów, których życie psychiczne zorganizowane jest przez siły popędowe; praojciec, dzierżący władzę nad życiem i śmiercią wszystkich członków tej zbiorowości; spolegliwe

[120] druga wojna, przyniosła całej rodzinie Freudów, najcięższe razy wynikające z rozbudzenia bestii w człowieku. Siegmund musiał uciekać z Wiednia by umrzeć niebawem potem na obczyźnie a jego siostry po aresztowaniu zginęły w obozie koncentracyjnym.

istoty płci żeńskiej i ich potomstwo; przegonieni z hordy bracia, którzy w tym samym, skazani są na frustrację potrzeb seksualnych.[121] Cała prehistoria ludzkości, zdaniem S. Freuda, koncentruje się wokół jej wysiłków zmierzających do stworzenia na tyle bezpiecznej wspólnoty, aby wszyscy mogli czuć się w niej względnie bezpieczni od skutków wzajemnej wrogości. Stad właśnie wynika konieczność samo ograniczeń w realizacji potrzeb popędowych, sublimacja energii i ukształtowanie funkcji „nad ja", a potem kultury i cywilizacji. Stałym zadaniem ludzkości jest jednak nieustająca troska o zachowanie pokoju poprzez nawiązywanie trwałych więzi wzajemnych, niepodatnych na wpływy roszczeń bestii ludzkiej, skrytej w mrokach nieświadomości.

Patrząc z punktu widzenia teorii jungowskiej znajdujemy dalsze odpowiedzi na pytanie, dlaczego psychika indywidualna nie stanowi produktu ściśle personalnego doświadczenia. Największe odkrycie C.G. Junga polega na objaśnieniu prawdopodobnych treści kolektywnej nieświadomości. Ukazał on i objaśnił prepersonalny lub transpersonalny wymiar psychiki, który manifestuje się w uniwersalnych wzorcach i obrazach, jakie znajdujemy we wszystkich światowych religiach i mitologiach. Naczelną psychiczną władzą, która jednoczy w sobie wszystkie archetypowe znaczenia i wzorce, której podporządkowane jest „ja", stanowi archetyp Jaźni, który integruje i porządkuje centrum i totalność psychiki, stanowiąc centralne źródło energii życiowej, dlatego w świadomości, treści tego archetypu przejawiają się pod postacią różnorodnych symboli, wyrażających totalność, całość czy jedność przeciwieństw. Według C.G. Junga, Jaźń nieuchronnie musi więc być doświadczana, jako identyczna z imago Dei, a w opowieściach mitologicznych, oraz piśmiennictwie sakralnym, opisywana została, jako relacja pomiędzy Człowiekiem i Bogiem, Stwórcą i jego mocą.

Interesujące dla naszych rozważań kwestie, znajdujemy przede wszystkim w „Symbolach przemiany" C.G. Junga. To jego stosunkowo wczesne dzieło jest chwalebną, secesyjną kontynuacja teorii S. Freuda. Poddając analizie psychologie ludów starożytnych i ich religie, przede wszystkim hellenizm, mitraizm i chrześcijaństwo, zauważa, ***że psychologię zbiorowości tworzy niewyobrażalnie spotęgowany egoizm, gdyż jej cel jest immanentny, a nie transcendentn[122]y.*** Dwie minione wojny światowe, i wszystkie kolejne, które przyszły po nich, ukazują potęgę i siłę tego zaślepienia [w końcu sam C. G. Jung, pozwolił się uwodzić niektórym demonom apologetyki hitlerowskiej, i to po napisaniu „Symboli przemiany" i wielu innych przenikliwych analiz człowieczej duszy]. Ludzkości w tym wyjściowym stanie nieokiełznania, twierdzi C.G. Jung, nie było dobrze, natomiast mitraizm i chrześcijaństwo, z celem transcendentnym, na który wskazały, miały służyć przede wszystkim powściągnięciu jej zwierzęcych popędów. Wspólnota zjednoczonych w oddaniu bożej miłości braci i sióstr, miała ochronić ludzi przed regresją w dziki i niszczący chaos pierwotnych roszczeń psychologii zbiorowej. Według C.G. Junga, droga człowieka do transcendencji jest pełna cierpień i wyrzeczenia, bo wymaga, by odwrócił on uwagę od rzeczy świata zewnętrznego i nie ulegał ich zmysłowym

[121] S. Freud, Człowiek imieniem Mojżesz i religia monoteistyczna w: Pisma społeczne, Wydawnictwo KR, Warszawa 1998.
[122] Jung C. G., Symbole przemiany, Wrota, Warszawa 1998, s. 99.

walorom. Odwrócić się powinien tym samym człowiek od tego, co daje mu natura, Matka Wszechrzeczy. Uległość wobec przemożnej mocy zmysłowych uciech i materialnych pożądań, według C.G. Junga, zawraca nas chaos prehistorycznych namiętności, gdzie granica pomiędzy dążeniem do zjednoczenia w uścisku miłości i śmierci zdaje się być płynna, choć samo dążenie jest uporczywie narzucające się [z tego punktu widzenia, nasze czasy jawią się, jako epoka neopogaństwa].

Miłość duchowa spaja wspólnoty, twierdzi C. G. Jung[123], aby pojąć właściwie tę kwestię musimy przejść do tego, jak autor rozumie tę *miłość*. Otóż jest to, według niego, przede wszystkim funkcja *libido a nawet jego rdzeń i podstawa*. Człowiek zaś jest przedmiotem albo ofiarą miłości, gdyż jest do niej zdolny, ale ona sama właściwa jest daimonionowi, bo jest esencją boskości [to twierdzenie, na pewno zjednało C. G. Jungowi, środowiska związane z religią na całym świecie]. Dochodzimy, więc znów do miejsca, gdzie to, co związane ze sfera duchową i religijną oraz sama energią życiowa, bezpośrednio łączy się kwestiami pokojowego jednoczenia się ludzi i nadawaniu temu wyrazu w sferze politycznej. Według, C. G. Junga, „miłość duchowa" spajająca ludzi, jest w większym stopniu składową obrazu Boga niż człowieka[124]. W tym świetle, możemy przyjrzeć się wielkim ruchom transforującym świadomość kolektywną, przenikniętych ideą pacyfizmu, które pojawiały się i pojawiają na całym świecie. W Trzeciej Rzeszy czy bolszewickiej Rosji, ówcześni zadeklarowani przeciwnicy przemocy, nazwani zostali wrogami państwa, chociaż byli nieprzejednanymi zwolennikami człowieka i jego prawa do życia i wolności, w tamtej sytuacji poglądy ich, zdawały się być arcyludzkie, nie do przyjęcia, absurdalne, a jednak dopiero zawarcie pokoju między narodami, uczyniło dalsze życie na tej ziemi możliwym. Podobnie niewiarygodnie wyglądała polityka M.K. Gandhi'ego w Indiach, M. Lutera Kinga w USA, N. Mandeli w RPA, a jednak, czas pokazał, że w tych aktach obrony godności człowieka i szacunku do życia, wyraz swój znalazła dana nam rozumność. Idealistyczne podłoże owych dążeń i towarzysząca im bezinteresowna ofiarność ze strony jednostek na rzecz dobra wspólnego, wskazują, że działania te nie czerpały swej energii z woli indywidualnej [ego] poszczególnych osób, ale z archetypowej sfery, przynależnej Jaźni, gdzie dobro własne i ogółu staje się tak samo ważne, a podział pomiędzy „ja" i „oni", traci na ostrości, a nawet zupełnie się zaciera. Zauważmy, że ruchy te osiągały najwyższą swą skuteczność, gdy przybrały charakter masowy, jakby dla biofilijnych [we frommowskim sensie] ludzkich celów, nie było żadnych przeszkód, gdy wola wielu zjedna się w wielkie ognisko „miłości duchowej" - tego typu uczucie właśnie miał na uwadze C.G. Jung, pisząc o libido, jako centralnej sile napędowej psyche, gdy kierunek jej aktywności zwrócony jest na cele transcendentne.

Trzeba w tym miejscu podkreślić, że prawdziwa wspólnota natury duchowej, według C. G. Junga, odróżnia się od innych wspólnot tym, że jej cel i doświadczenie nie sprowadza się do tylko ludzko – immanentnej rzeczywistości, lecz jest podporządkowana transcendentnym, zdominowanym

[123] Jung C. G., Symbole przemiany, Wrota, Warszawa 1998, s 91 – 92.
[124] tamże.

przez archetyp dążeniom[125]. Tak oto, symbolika postaci królewskiej wiąże się z oddaniem charyzmatycznemu przywódcy. Mit Świętego Graala, mówi o mocy idei, które czynią społeczność spójną i odporną na zwątpienie. Boski kielich niczym łono matczyne, jest gwarantem bezpieczeństwa jednostki, ze względu na jej uczestnictwo w większym kosmicznym ładzie. Krew Chrystusa, wypełniająca Graala, to substancja, dzięki której możliwe stało się odnowienia przymierza pomiędzy Człowiekiem i Bogiem. Złoty wiek, Nowe Jeruzalem, Utopia - to fenomeny, wykreowane przez umysł ludzki, nigdy nie zaistniałe w świecie zewnętrznym, a stanowiące odwieczną tęsknotę politycznych myślicieli wszechczasów. Treści archetypu Jaźni projektowane w przestrzeń społeczną, narzucają się świadomości w postaci wyobrażeń o doskonałym państwie, kierowanym przez szlachetnych i mądrych przywódców, co czyni ludzi szczęśliwymi i wolnymi od cierpień, konfliktów i wojen. Największe metanarracje świata, tworzone przez człowieka takie jak chrześcijaństwo, islam, marksizm czy faszyzm, znajdowały swą siłę oddziaływania na rzesze, odwołując się właśnie do tych nieświadomych pokładów w psyche kolektywnej. Wiele z tych tęsknot archetypowych, odnajdziemy w polskiej literaturze niepodległościowej. Ojczyzna wolna i suwerenna, nasza „ziemia obiecana", miała być gruntem dla rozwoju narodu zgodnie realizującego powszechne dobro, czy tak się stało? Jeśli nie wszyscy, jak w mitycznej wizji, to kto jest naprawdę szczęśliwy w niepodległej Rzeczpospolitej?

Psychologia osi ego – Jaźń E. Edingera stanowi dalszą kontynuację teorii jungowskiej i jest cennym źródłem, z którego możemy czerpać, krążąc po hermeneutycznym kole, wydobywania znaczeń fenomenu jednoczenia się ludzi. W „Anatomy of the Psyche. Alchemical Symbolizm in Psychoteraphy" E. Edinger przedstawia siatkę skojarzeń związanych z zakończeniem i dopełnieniem dzieła alchemicznego. Ten końcowy etap pracy wtajemniczonego, zwany coniunctio, odnosi się do doświadczenia Jaźni, jako totalności psychicznej. Coniunctio to zjednoczenie wszelkich opozycji, zniesienie binarności i ambiwalencji, w symbolice gnostycznej opisywane jako Aurum non Vulgi, Aqua Permanens czy Lapis Philosophorum. Inna sieć asocjacji, o której mówi E. Edinger, że wiąże się bezpośrednio z osiągnięciem pełni psychicznej, wyraża się w ciągach skojarzeniowych takich jak:

- wspólnota [community] - miasto [city i civitas] – cywilizacja
- wspólnota - tożsamość kolektywna - participation mystique
- więź grupowa – rodzina – oddawanie czci przodkom,
- więź grupowa – naród – patriotyzm,
- więź grupowa – kościół, ale również:
- łańcuchy – granice – więzienie[126]

Zaskakuje w tym miejscu fakt, że psycholog badający antyczne mitologie oraz symbolikę gnostyczną, w celu odnalezienia archetypowego języka psyche, kiedy dochodzi do analizy symboliki Jaźni, odnajduje tam aż tyle powiązań z życiem społecznym, a co więcej właśnie z poczuciem

[125] Jung C. G., Symbole przemiany, Wrota, Warszawa 1998, s. 93.
[126] Edinger E. F., Anatomy of the psyche. Alchemical symbolism in psychotherapy, Open Court, La Salle 1985, s. 210.

wspólnotowości i zjednoczenia. Zwróćmy uwagę, że ten wymiar przejawiania się człowieczeństwa, znajdujemy w archetypie Jaźni, który dostępny jest świadomości poprzez, jak to już zostało wspomniane, wyobrażenie sacrum, wywołując bojaźń i zachwyt, najwyższą miłość i poczucie zatracenia w jakiejś większej, niemożliwej do ogarnięcia pełni. Jest to, według psychologii analitycznej, ostateczny cel indywiduacji psyche na poziomie jednostkowym, ale również kolektywnym. Stąd właśnie, *przedstawiony przez E. Edingera ciąg skojarzeniowy, związany z archetypem Jaźni, prowadzi nas do wniosku, że doświadczenie wspólnoty w wymiarze ogólnoludzkim, może być celem, do którego wiedzie nas, nieświadomy proces, wpisany w naszą zbiorową psychologię.*

Archetyp Jaźni, kojarzony jest też z totalnym zniewoleniem i fanatyzmem. Idee, które zawładną dla siebie jego energię, zaślepiają ludzi, nie potrafią oni wówczas wyobrazić sobie żadnej sensownej alternatywy, wobec tej jednej, na której skupia się ich uwaga. Można rzec jest to stan zbiorowej hipnozy, zawładnięcia psychicznego przez reprezentacje archetypu. W naszych czasach bardzo trudno jest przekonać ludzi, że mogliby zorganizować swoje życie zbiorowe, wokół innej idei niż *maksymalizacja konsumpcji*, zdaje się, że nie ma nic lepszego, że na tym kończy się historia, i tak jest rzeczywiście - teraz. Jednak proces indywiduacji będzie posuwał się dalej, a nasza kolektywna świadomość zmienia się stale i będzie się zmieniać, natomiast wiele wskazuje na to, że droga to zjednoczenia ludzkości, do absolutnego coincidecia oppositorum, jest jeszcze bardzo długa.

Jeden z najpopularniejszych analityków jungowskich, który zajmuje się obecnie sferą polityczną i społeczną A. Samuels, w swoich publikacjach bezpośrednio poświęconych tym zagadnieniom, takich jak: „Politics On The Couch. Citizenship and the Internal Life" i „The Political Psyche", przedstawia oryginalną interpretację społeczeństwa i polityki jako duchowych wymiarów ludzkości, ugruntowanych w kolektywnej, wspólnej wszystkim transpersonalnej świadomości, która z istoty swej jest niepodzielona.

Przejście od tego, co subiektywne i jednostkowe do tego, co wspólne ogółowi[127], a przez to publiczne i polityczne, zasługuje na szczególną uwagę zwłaszcza w przypadku podejścia do tej kwestii z punktu widzenia psychologii głębi, która operując pojęciem nieświadomości znosi wyraźne granice pomiędzy światem zewnętrznym i wewnętrznym. Psychologia głębi, jak twierdzi A. Samuels[128], umożliwia zburzenie wyraźnej granicy między robieniem czegoś a byciem w czymś, jak też pomiędzy politycznym i psychologicznym rozwojem osobowości lub pomiędzy wyobrażeniami ludzi na temat świata politycznego a ich polityczną działalnością. Psychologiczne i polityczne procesy dzielą ten sam los. Według A. Samuelsa, zadania nowoczesnej demokracji podobne są do zadań nowoczesnej terapii i analizy, gdyż w obu tych obszarach obecna jest walka pomiędzy dążeniem do wolności i

---

[127] Pojęcie ogółu nie pojawia się w tym miejscu przypadkowo, oznacza ono coś innego niż gdyby powiedzieć „wszyscy", i umożliwia myślenie o wielu jako wspólnocie, zostawiając miejsce dla wykluczonych.
[128] A. Samuels, Profesor analitycznej psychologii University of Essex i innych, analityk treningowy Society of Analitycal Psychology and Scientific Associate of American Academy of Psychoanalisis, psychoterapeuta i międzynarodowy konsultant polityczny. Autor licznych publikacji poświęconych psychologii jungowskiej i jej społeczno – politycznym implikacjom: The Political Psyche, Politics on the Couch i in.

zróżnicowania z jednej strony a stłumieniem, represją i omnipotentnymi wierzeniami [bilifs] w ostateczne prawdy, z drugiej strony. A. Samuels podkreśla, że ***psychologia głębi pozwala zrozumieć, iż nieświadomość istnieje równie realnie jak indywidualność i wpływa bezpośrednio na relacje jednostki ze światem***[129]. Cierpienia i schorzenia o charakterze politycznym, twierdzi on, przejawiają się w rzeczywistości zewnętrznej, natomiast psychologia głębi zajmuje się tym, w jaki sposób to, co społeczne, doświadczane jest w wymiarze subiektywnym.

Nakierowanie współczesnej cywilizacji na przekraczanie ograniczeń stawianych nam przez prawa natury za pomocą technologii oraz intelektu przy równoczesnej marginalizacji *rozwoju samoświadomości* sprawia, że technologia i wiedza na poziomie scientologicznym rozwijają się gwałtownie a świat wewnętrzny współczesnego człowieka karleje. A. Samuels zwraca uwagę na to, że szybkie tempo i multipoziomowość życia powoduje, że nie jesteśmy świadomi tego, co nas rani i zaburza, chociaż czujemy się zranieni i zaburzeni, a taki stan musi doprowadzić ostatecznie do eksplozji.[130] Początku cierpień egzystencjalnych ludzkości, autor ten upatruje, w narastającej alienacji człowieka od świata jego życia. W mitologii, mówi o tym opowieść biblijna o grzechu Adama. Konsekwencją spożycia owocu z drzewa poznania dobra i zła było obudzenie umysłu logicznego i nazwanie rzeczy. Upojęciowienie świata, spowodowało w umyśle ludzkim, jego podział na odrębne byty, czego szczytowym przejawem była fizyka newtonowska i paradygmat kartezjański w nauce a w sferze politycznej powstanie suwerennych państw.

Idea **głębokiej demokracji i pracy ze światem**, opracowana przez A. Mindella, to jedna z najdojrzalszych propozycji ze strony psychologii dla polityki, jaka powstała w ostatnich latach, zakorzeniona epistemologicznie w psychologii jungowskiej i transpersonalnej. Człowiek, zarówno u A. Mindella jak i K. Wilbera, o którym będziemy mówić dalej, przedstawiony został również, jako jedność ciała, psychiki i ducha.

Atmosfera emocjonalna pośród ludzi przebywających razem, ich sposób kodowania uzgodnionej rzeczywistości wraz z dopuszczalnym zakresem możliwych przekonań, emocji, wartości, a także samo miejsce gdzie się spotykają, tworzy, według A. Mindella „pole" społeczne, które porównuje on, do pola napięć w fizyce. Zatem to, czy należymy do danej grupy czy nie, nie wynika przede wszystkim z naszych świadomych deklaracji czy formalnej przynależności - mówiąc językiem teorii A. Mindella, nie zależy to od procesu pierwotnego, czyli uświadomionej woli jednostki. Indywiduum staje się częścią jakiegoś „MY", jeżeli wzorzec obecny w określonej społeczności, wpływa na jego świadomość. Zastosowanie modelu „pola" A. Mindella, byłoby niezwykle użyteczne, na gruncie polskim, aby rozstrzygnąć kwestię ciągle niejasną, w jakim zakresie, w wymiarze jakościowym oraz ilościowym, obywatele naszego kraju są katolikami? Albo, czy członkowie PZPR,

---

[129] Samuels A., Politics on the couch, Profile Books, Londyn 2001, s. 78.
[130] Samuels A., The Politycal Psycho. Citizenschip and the Internal Life, Profile Books Ltd, Great Britain, 2001, s. 4-5.

byli komunistami, socjalistami, czy przede wszystkim karierowiczami i szansonistami, czy może tworzyli pole, o jeszcze innej jakości?

Mindellowskie pole, ma tę cechę, że charakteryzuje się holograficznym układem ról i typów osobowości, które występują globalnie. Wszędzie znajdziemy ojców, matki, żony i mężów, przywódców, kapłanów, wojowników, ladacznice, nauczycieli, uczniów, sąsiadów, strażników, bohaterów i wyrzutków... Te role nijako czekają na osoby, które je obsadzą, same one są jednak tak stare jak ludzka rasa. Tutaj właśnie pojawia się u A. Mindella, bardzo wyraziście figura symboliczna antropomorficznego pola Manu.

Przełomowa teza psychologii procesu, opracowanej przez A. Midella, zakłada, że w obrębie pola, nie ma ludzi stojących w centrum i outsiderów, każdy, kto znajduje się w jego zakresie, stanowi niezbywalną część tej całości, choć inaczej znaczącą. Podobnie jak z punktu widzenia fizyki, jesteśmy zarówno falami energii jak i cząsteczkami materii, tak z punktu widzenia psychologii w równej mierze składamy się z idei, pomysłów, emocji jak i substancji cielesnej - podkreśla A. Mindell[131]. Z tego też względu, takie terminy jak osobowy i nieosobowy, indywidualny i zbiorowy, „ja", „ty", wewnętrzny, zewnętrzny, mają charakter relatywny, pozbawiony znaczenia absolutnego. Według A. Mindella, każde uczucie, myśl, spotkanie, jest jednocześnie wydarzeniem zewnętrznym i wewnętrznym. Dlatego medytacja lub indywidualna praca wewnętrzna są pewną forma pracy ze światem, a wydarzenia ze świata nabierają charakteru osobistego[132].

„Praca ze światem", jako metoda terapii społecznej prowadząca do „głębokiej demokracji" - jako modelu maksymalnej partycypacji jednostki w życiu publicznym, to klucz do zrozumienia znaczenia wspólnoty i jedności ludzi u A. Mindella. Zastosowanie tego klucza, polega na doprowadzeniu do dialogu w polu społecznym, w którym głosy uczestników są tak samo wysłuchane i uznane. Włączenie grup i osób marginalizowanych, oznacza pozyskanie tych potencjałów społecznych, które zostały zagubione, nierozpoznane i stracone dla wspólnego dobra. Z drugiej strony, stwarzanie przestrzeni, gdzie spotkają się grupy i jednostki, które zwykle nie mają ze sobą kontaktu, w świecie podzielonym rangami statusu [ekonomicznego, zawodowego, etnicznego, religijnego, genderowego itd.], może sprawić, że jeśli wszyscy wyrażą swoje stanowiska i emocje, to zobaczą siebie z zupełnie innej strony, co umożliwia wzajemne zrozumienie na zupełnie innym poziomie świadomości, niż dotychczas[133].

W sytuacji otwarcia przepływu informacji i uczuć, zauważa A. Mindell, w sposób spontaniczny zaczynamy jednoczyć się wokół naszego współ - człowieczeństwa, które choć mówi wieloma językami, to wyrasta z tego samego kodu biochemicznego i tej samej archetypowej matrycy psyche[134]. Polacy na ogół gardzą Cyganami, [trudno wyobrazić sobie, aby ktoś z tej grupy etnicznej, mógł zostać w naszym kraju, na przykład, ministrem]. Bogaci nie spotykają się z biednymi ani w

---

[131] Mindell A., Lider mistrzem sztuk walki, Medium, Warszawa 1995, s. 19 - 42

[132] tamże.

[133] tamże .

[134] tamże.

pracy ani w domu, dlatego po prostu nie znają ich problemów. Pytanie, jakie się tu rodzi jest takie: czy w polityce zdominowanej przez przedstawicieli wyższej klasy średniej, można rozwiązać skutecznie dylematy, wynikające z niedostatku i ubóstwa? Czy parlament i Kościół Katolicki, którego przedstawicielami są głównie mężczyźni, może podejmować rozumne decyzje dotyczące spraw kobiet? Spotkania procesowe, są facylitowane, to znaczy, że powinien być ktoś, kto stworzy bezpieczne ramy dla wspólnego dialogu i pozwoli mu się rozwijać do momentu, kiedy uczestnicy nie osiągną nowego poziomu rozumienia swojej sytuacji i nie dojrzeją do zadowalających wszystkie strony rozstrzygnięć, stąd zwykle potrzebny jest więcej niż jeden proces grupowy. Jeśli zaś głęboka demokracja miałaby się stać sposobem na kształtowanie się społeczeństwa obywatelskiego, przestrzeń dla powszechnej partycypacji, musiałyby tworzyć lokalne samorządy, tak oto powracamy na Agorę albo do Rady Plemiennej [teraz gminnej..] . Aktywne podmiotowe uczestnictwo wszystkich członków pola społecznego, to podstawa kształtowania się głębokiej demokracji, jako systemu totalnej inkluzji[135].

Możliwie najpełniejsza *świadomość tego, co się dzieje*, jest według A. Mindella, to najważniejszy element w kreacji życia wspólnotowego, gdyż dopiero wówczas można w pełni docenić wartość wszystkich etapów rozwoju *wydarzającego się procesu*, w obrębie danej zbiorowości. Z tego też względu naciski na stworzenie jakiegoś ostatecznego rozwiązania sytuacji grupowej tracą swą bezwzględna wartość. Przywiązanie do jakiegoś jednego stanu rzeczy, na przykład do pokoju, powoduje stłumienie jakichś innych stanów, na przykład agresji, twierdzi A. Mindell. Dopiero *rozumienie rzeczywistości w sposób dynamiczny*, otwiera nas na dostrzeganie wszystkich aspektów tego, co się wydarza, bo wtedy jesteśmy zdolni do świadomej obecności. Twórca psychologii procesu, podkreśla, że:*„Świadomość, jest tą siłą, która daje nam nieustanny dostęp do swych nowych stanów i do nienarodzonych jeszcze części nas samych i świata"*[136]

Psychologia i fizyka, wprowadzanie zmian społecznych i polityka były do tej pory oddzielnymi dziedzinami. Psychologia zorientowana na proces, A. Mindella, wynosi psychologie poza obszar indywidualnej terapii, wprowadzając ją na teren świadomości społecznej, a nawet…rewolucji. Co więcej, jak twierdzi sam A. Mindell, *„wynosi politykę poza problemy doczesne, świeckie, w obszar tworzenia wspólnoty, będącej najświętszym miejscem i odwiecznym pragnieniem ludzkich istot"*[137]. A. Mindell przeciąga liczne paralele pomiędzy fizyką i psychologią, które utrzymane są w perspektywie, która napotykamy również u innych badaczy takich jak: F. Capra, D. Bohm czy S. Grof i K. Wilber.

Rozumienie ludzkości, jako zjednoczonego bytu, w psychologicznej teorii K. Wilbera, w sposób najbardziej skrótowy, ale przejrzysty wyraża jego stwierdzenie, że: z właściwości jednostki nie można wyciągać wniosków o właściwościach całej wspólnoty społecznej, bo części składowe, nie

[135] Mindell A., Lider mistrzem sztuk walki, Medium, Warszawa 1995, s. 108.
[136] Mindell A., Siła ciszy, KOS, Katowice 2007, s. 158.
[137] Mindell A., Siedząc w ogniu, Nuit Magique, Warszawa 1998, s. 179.

mówią o znaczeniu całości, podobnie jak po rozebraniu zegarka na części i dokonaniu ich analizy, nie dowiemy się, która jest godzina".[138]

Według tego badacza, człowiek jest *holonem* to znaczy pewną całością, która jest jednocześnie częścią innej całości społecznej i kosmicznej i nie występuje, jako istota pojedyncza. U K. Wilbera, podobnie jak u C.G. Junga i A. Mindella, napotykamy koncepcje ewolucji świadomości, jako procesu indywiduacji od poziomu egocentrycznego do światocentrycznego. Ewolucja każdego holonu w wilberowskiej holarchii bytu zorientowana jest na samorealizację poprzez samotranscendencję. Holon [atom, komórka, indywiduum ludzkie, itd.], najpierw musi się wyodrębnić, jako oddzielna całość, a następnie dostosować do otoczenia [które w przeciwnym razie unicestwiłoby tę część], by potem przekroczyć ów stan ku większej całości. Na poziomie fizyki i biosfery działa prawo kohezji i adhezji [atomy nie mogą się rozszczepiać, aby nie doszło do rozpadu pierwiastków, które tworzą różne formy materii w tym komórki kształtujące tkanki, te zaś stanowią poszczególne organy, które tworzą poszczególne organizmy, które z kolei grupują się w różnego typu zbiorowości jak np. lasy, stada, czy samoświadome wspólnoty]. Na poziomie noosfery - umysłu, chodzi zaś, według K. Wilbera, o ewolucję poziomów świadomości, która bezpośrednio skorelowana jest z ewolucją złożoności materii. Ludzki mózg to najwyższe osiągniecie biosfery na naszej planecie, ale świadomość pojedynczego człowieka osiąga swą wyższa formę w *świadomości wspólnoty ludzkiej,* twierdzi K. Wilber, i dalej w świadomości światocentrycznej, gdzie Jaźń staje w końcu na miejscu ego[139].

Holarchia stanowi porządek narastających całości [odruchy, instynkty, popędy, percepcja na poziomie pnia gadziego, móżdżku, ciała limbicznego, kory nowej], gdzie całość zawsze jest na wyższym lub głębszym poziomie niż jej poszczególne części, gdyż całość przekracza właściwości elementów, które ją tworzą. Dopiero na poziomie kory nowej, możliwy jest stan świadomości, który umożliwia symboliczne zespolenia indywiduów w przestrzeni kultury, dlatego każdy z nas może zamieszkiwać w pewnym stopniu wnętrze drugiego człowieka i możliwe jest wzajemne zrozumienie indywiduów w wymiarze symboliczym. Na tej bazie powstać dopiero mogą zasady etyczne i wartości, prawo, sztuka, polityka czy zdolność do uczuć wyższych - ogólnie wszystko to, co nie pojawia się poniżej kory nowej[140].

U K. Wilbera, wzorzec różnicowania się materii oraz świadomości, w coraz bardziej złożone struktury, stanowi zasadę albo „klej" jednoczący i łączący oddzielne sprzeczne i odizolowane części w spójną jedność, w której poszczególne elementy mogą odnaleźć wspólną całość i w ten sposób uniknąć losu bycia jedynie częścią i jedynie fragmentem[141]. W świecie ludzkim, taką przestrzeń dla jednostki tworzy społeczeństwo, które ją włącza [w przeciwieństwie do wykluczenia]. Holarchia jest patologiczna, gdy jeden holon nadużywa swej pozycji, i nie chce być zarówno całością i częścią, ale

---

[138] Wilber K., Krótka historia wszystkiego, Jacek Santorski & CO, Warszawa 1997, 96.
[139] tamże, s.160.
[140] Wilber K., Psychologia integralna, Jacek Santorski & CO, Warszawa 2000, s. 138.
[141] Wilber K., Psychologia integralna, Jacek Santorski & CO, Warszawa 2000, s. 198 – 217.

chce podporządkować swojej woli resztę. Wtedy cały układ traci równowagę, organizm choruje, a społeczeństwo ugina się pod jarzmem dyktatury tyrana[142].

Świat przejawiony, to bezszwowa szata, a fizyka kwantowa nie pozostawia, co do tego wątpliwości, że w podstawie jesteśmy drgającymi falami, natomiast obraz rzeczywistości, jaki się nam jawi, bezpośrednio uwarunkowany jest cechami tego, kto go postrzega. Tę bliską K. Wilberowi ontologię, leżącą u podstaw jego teorii, objaśnił w swoich badaniach, między innymi, J. von Neumanna. W „The Matematical Foundation of Quantum Mechanics", wykazał on, że świadomość jest koniecznym warunkiem pojęcia zasad mechaniki kwantowej i ukrywa się właśnie w postaci obserwatora, dlatego też to, co uznajemy za świat rzeczywisty, możemy uznać tylko o tyle za rzeczywiste, że tak uzgodniliśmy, jako obserwatorzy tego świata. Zagadnienie to rozpatrywała również M.L. von Franz, bezpośrednia współpracownica C.G. Junga. Otóż, odnosząc się do nierozdzielność matematyki i psychiki, podkreśliła ona, że same zależności liczbowe są nam dostępne tylko dzięki temu, iż pojawiają się, jako akty psychiczne w świadomości podmiotów myślących, [na przykład u matematyków][143]. W tej bezszwowej szacie, dodaje M.L. von Franz, jako pierwszy ustanowił granice mitologiczny Adam. Po spożyciu owocu z drzewa poznania dobra i zła, jego czysta wizja rzeczywistości, jako rajskiej pełni, została rozbita na niezliczone kawałki. Niebo Adama pękło, pierwotny stan szczęścia, pochłonął chaos i śmierć. Adam i jego potomkowie, *nadali rzeczom przejawionym nazwy. Nazwa zaczęła, więc zawierać w sobie podział i znaczenie,* i tak oto, powstał świat człowieka.. myślącego. Współcześnie, konstruktywiści kulturowi, objaśniając zachowania społeczne, podkreślają, że w samym sposobie interpretacji doświadczeń, kształtuje się ich realność. Jest to podejście, bardzo często spotykane w literaturze genderowej, gdzie nacisk kładziony jest na kulturowa konstrukcję znaczenia płci. Zmiana świadomości, powoduje zmianę tego jak się pojawia to, co dostępne w doświadczeniu. Wszakże demokracja, na przykład, to nie tylko procedury i deklarowany polityczny system, ale także zdolność ludzi, do zrozumienia pojęcia „obywatel".

Świat człowieka jest obecnie uwarunkowany świadomością o charakterze egocentrycznym i etnocentrycznym, twierdzi K.Wilber, natomiast, jego zdaniem, w sam proces ewolucji wpisane jest dążenie do *światocentryzmu*, który umożliwiałby jednostce objęcie rozumieniem całości istnienia. Wytyczenie sobie przez ludzkość dążenia do osiągnięcia tego stanu byłoby, jego zdaniem, najskuteczniejszą metodą walki z terroryzmem, głodem na świecie i zagrożeniem środowiska, oznaczałoby, bowiem więcej świadomości i więcej wynikającego z niej współczucia.[144]

Ubóstwienie ego, śmierć Antroposa i narodziny Androida

Wraz z przełomem renesansowym na Zachodzie, człowiek zaczął wyzwalać się z okowów boskiej supremacji. Mogła wreszcie rozwinąć się medycyna i nauki przyrodnicze, gdyż ciało ludzkie i prawa natury, straciły swój status Tajemnicy Boga i jego własności, do której człowiek nie powinien

[142] tamże.
[143] von Franz M. L., Psyche and Matter, Shambala, Boston / Londyn 1992, s.13.
[144] K. Wilber, Niepodzielone. Wschodnie i Zachodnie teorie rozwoju osobowości, Zysk i S-ka Wydawnictwo, 1996, s. 204.

mieć dostępu. Wraz z nadejściem Oświecenia, narody uwierzyły, że nie potrzebują królów wybieranych z woli czy łaski Pana w Niebiosach, gdyż moc demokracji, stanowi dużo skuteczniejsze narzędzie, dla zrealizowania woli ludu i dobra jednostki. Doszło nawet w wielu krajach do tego, że prawo stało się równe dla wszystkich i zniesiono niewolnictwo, gdyż życie [ziemskie] każdego człowieka, stało się wartością nadrzędną, a stąd blisko już było do idei dobrobytu, jako siły napędzającej ruch koła społeczeństwa konsumpcyjnego.

W sensie psychologicznym, mamy tu do czynienia z procesem nieprawdopodobnego przyśpieszenia wzmocnienia struktury ego, czego nieuniknionym następstwem był najpierw antropocentryzm, z jego przewodnią myślą, „iż człowiek jest miarą wszechrzeczy", a następnie egocentryzm, który z kolei znalazł swój najgłębszy wyraz w stwierdzeniu A. Smitha, że jeśli wszystkim jednostkom pozwoli się działać w ich własnym interesie, to „niewidzialna ręka rynku" sprawi, że miliony indywidualnych egoizmów przekształca się we wspólne dobro.[145] Ta filozofia, przyoblekła się w ciało liberalnego państwa wolnorynkowego. Jakże pełna zdumienia trwoga i rozpacz, ogarnęła nowopowstałą klasę [pole] kapitalistów, gdy nastał wielki kryzys w latach trzydziestych ubiegłego wieku, poprzedzony z wielką falą rewolucji proletariackich. „Dziki kapitalizm" wspominamy, jako wielką, historyczna lekcję solidaryzmu i ducha wspólnoty. Świat dotąd goi rany, po zaciętych wojnach, które były następstwem dominacji egoizmu klasowego kapitalistów i etnicznego zaślepienia. Państwo dobrobytu, oto ideał organizacji polityczno – ekonomicznej. Jednakże, jeśli chcemy przetrwać, to nie wystarczy. Antropocentryzm sprzężony z nastawieniem na maksymalizację konsumpcji, doprowadził do tragicznego w skutkach zachwiania równowagi ekosystemu w skali globalnej skutki, czego odczuwamy wszyscy, od chorób cywilizacyjnych zaczynając a na niekończących się klęskach żywiołowych i zagrożeniu istnienia życia na Ziemi w ogóle kończąc.

Wykształcenie silnego i spójnego ego, z punktu widzenia psychologii, stanowi warunek konieczny w prawidłowym rozwoju osobniczym. Oparta na tym założeniu koncepcja człowieka, rzadko poddawana jest zdystansowanej refleksji, zarówno przez psychologów, jak i lekarzy, czy polityków i ustawodawców. Musimy jednak zwrócić uwagę na to, że redukcja Antroposa do funkcji Androida, grozi ostatecznym unicestwieniem tego pierwszego.

---

[145] Smith A., The wealth of nations. Oxford: Clarendon Press, 1776 r.

JEDNOCZĄCE ZNACZENIE PRZYWÓDCY

Pośród różnych znaczeń z jakimi kojarzona jest obraz przywódcy pojawia się również takie, które ukazuje go jako element konieczny w procesie jednoczenia się ludzi w większe całości. Pojęcie element, jest tu istotne, gdyż odsłania naturę tej postaci, jako jednego z żywiołów pierwotnych, który wpływa na kształtowanie się świadomości kolektywnej. W niniejszych rozważaniach skupimy się przy wydobywaniu znaczenia przywódcy jako widomego przejawu i symbolicznej reprezentacji pewnych zbiorowych wyobrażeń, uczuć, pragnień i potrzeb, wokół przeżywania których wzmaga się między ludźmi poczucie więzi. O ile bowiem poszczególne akty psychiczne, jak wyobrażenia jakichś idei, na przykład wolności, albo doświadczanie uczuć takich jak miłość, fascynacja czy lęk, mają charakter indywidualny i wewnątrzjednostkowy, to jeżeli pojawiają się one w emocjach i poglądach wielu ludzi, nabierają wówczas charakteru publicznego i politycznego. Przejście od tego co subiektywne i jednostkowe do tego co wspólne ogółowi [a przez to publiczne i polityczne], zasługuje na szczególną uwagę zwłaszcza w przypadku podejścia do tej kwestii z punktu widzenia psychologii głębi, która zastała zastosowana w tym opracowaniu jako główna perspektywa wyjaśniająca.

Psychologia głębi, operując pojęciem nieświadomości znosi wyraźne granice pomiędzy światem zewnętrznym i wewnętrznym. Fenomen, by zaistnieć w umyśle człowieka jako podmiotu musi być najpierw jakoś uchwycony, świadomie albo nieświadomie ale koniecznie jakoś znacząco. Psychologia głębi, jak twierdzi, A. Samuels[146], umożliwia zburzenie wyraźnej granicy między robieniem czegoś a byciem w czymś, jak też pomiędzy politycznym i psychologicznym rozwojem osobowości lub pomiędzy wyobrażeniami ludzi na temat świata politycznego a polityczną działalnością. Psychologiczne i polityczne procesy dzielą ten sam los. Według A. Samuela, polityczne zadania nowoczesnej demokracji podobne są do psychologicznych zadań nowoczesnej terapii i analizy, gdyż w obu tych obszarach obecna jest walka pomiędzy nieświadomością oraz wolnością i zróżnicowaniem z jednej strony a stłumieniem, represją i omnipotentnymi wierzeniami [bilifs] w ostateczne prawdy, z drugiej strony, podkreśla on również, że ***psychologia głębi pozwala zrozumieć, iż nieświadomość istnieje równie realnie jak indywidualność*** i wpływa bezpośrednio na relacje jednostki ze światem. Cierpienia i schorzenia o charakterze politycznym, twierdzi on dalej, przejawiają się w rzeczywistości zewnętrznej, natomiast psychologia głębi zajmuje się tym, w jaki sposób to co społeczne doświadczane jest i tworzone w wymiarze subiektywnym. Nakierowanie współczesnej cywilizacji na przekraczanie ograniczeń stawianych nam przez prawa natury za pomocą technologii oraz intelektu przy równoczesnej marginalizacji *rozwoju samoświadomości*[147] sprawia, że

[146] A. Samuels, Profesor analitycznej psychologii University of Essex i innych, analityk treningowy Society of Analitycal Psychology and Scientific Associate of American Academy of Psychoanalisis, psychoterapeuta i międzynarodowy konsultant polityczny. Autor licznych publikacji poświęconych psychologii jungowskiej i jej społeczno – politycznym implikacjom: The Political Psyche, Politics on the Couch i in.
[147] Samoświadomość,

technologia i wiedza na poziomie scientologicznym rozwijają się gwałtownie a świat wewnętrzny współczesnego człowieka karleje. A. Samuels zwraca uwagę na to, że szybkie tempo i multipoziomowość życia powoduje, że nie jesteśmy świadomi tego co nas rani i zaburza chociaż czujemy się zranieni i zaburzeni a taki stan prowadzi ostatecznie do eksplozji.[148]

Zniewalający urok reprezentacji ideału „nad ja" – okiem psychoanalitycznym

Przywódca jest elementem, wokół którego ogniskuje się społeczność gdyż dysponuje on szczególnym zasobem mocy sprawczej, którą możemy dalej nazywać władzą przynależną podmiotowi[149]. U zarania dziejów ludzkich, siła fizyczna ulokowana w ciele oraz waleczność i potencja seksualna decydowały o tym, że dany osobnik zdolny był skoncentrować wokół siebie innych i był rozumiany przez nich jako ten, za którym bezpiecznie jest podążać, chociaż mocy którego trzeba się również obawiać [zaranie ambiwalencji emocjonalnej]. S. Freud konstruując mit hordy pierwotnej, próbował wyjaśnić w jaki sposób ta fascynacja czystą siłą fizyczną, której towarzyszy lęk przed byciem przez nią zmiażdżonym, przekształca się w wewnątrzpsychiczny, nieświadomy przymus uległości wobec obiektów, które przeżywane są przez jednostkę jako pełne mocy. Freudowski praojciec, będąc najsilniejszą istotą w stadzie panował niepodzielnie, tyranizując wszystkich. Sytuacja ta zaistniała tylko dlatego, że poszczególne indywidua nawzajem lękały się siebie i przez to nie potrafiły współpracować, a każde z nich z osobna było słabsze od tyrana. Ów nawzajem odczuwany lęk był reakcją na wypartą przez nie wrogość, jaką darzyły się one na skutek tłumienia agresji. W psychice tych prymitywnych istot dominowała niczym nieograniczona popędowość, gdyż zdolna do rozumowania, instancja „ja" [ego] wykształca się, jak twierdzi S. Freud, równolegle z „nad ja" [superego] a w tym stanie pierwotnym były one jeszcze nieobecne [150]. Z tej przyczyny istoty ludzkie u prapoczątku swych dziejów pogrążone były w otchłani procesu pierwotnego a ich relacje przenikały nieokiełznane seksualne i destruktywne dążenia. Gdyby wola praojca nie stała na drodze do spełnienia tych dążeń zapanowałby powszechny, rozbijający *communio* hordy, chaos.

Psychologię ludzi pierwotnych, według S. Freuda, znajdujemy obecnie w regresywnych zachowaniach i emocjach tłumu, gdzie nie występują bezpośrednie więzi między jednostkami a zbiorowość istnieje tylko ze względu fascynację wspólnym przywódcą, który nadaje kierunek jej impulsywnym dążeniom. Podobnie w hordzie, wzajemna wrogość i lęk poszczególnych indywiduów, wyniosły do pozycji wszechwładnego tyrana najsilniejszą istotę, wzbudzającą w nich ambiwalentne uczucie fascynacji i grozy. Żaden pojedynczy członek tej zbiorowości nie był w stanie przeciwstawić się praojcu, natomiast agresywne popędy przenikające ich wzajemne relacje uniemożliwiały im nawiązanie współpracy między sobą aby zdolni byli wspólnymi siłami pozbyć się tyrana. Jego usunięcie wiązałoby się z zagrożeniem przetrwania, gdyż prawdopodobnie uwolniona spod panowania

---

[148] Samuels A., The Polityсal Psycho. Citizenschip and the Internal Life, Profile Books Ltd, Great Britain, 2001, s. 4-5

[149] Pałka V., Wewnętrzny krąg władzy, Wydawnictwo „Adam Marszałek", Toruń, 2005.

[150] Freud S., Pisma społeczne, Wyd. KR, Warszawa 1998

zwierzchniej, zewnętrznej siły agresja poszczególnych członków hordy doprowadziłaby do walki wszystkich ze wszystkimi i ostatecznie do wzajemnego wyniszczenia. Według S. Freuda, przełomowym krokiem na drodze do rozwoju psychologii człowieka, było zawiązanie się sojuszu klanu braci w celu obalenia praojca. Dojść do tego mogło tylko na skutek opanowania przymusów popędowych przez każdego z nich, przy użyciu własnych sił psychicznych. Ten akt pojednania stanowi zalążek wewnętrznej instancji „nad ja". Oto aby zyskać przestrzeń swobody funkcjonowania w świecie, indywidua muszą zdolne być do nałożenia na siebie pewnych ograniczeń *wewnętrznych*, które umożliwią im wspólną egzystencję bez konieczności zewnętrznego nadzoru nad ich popędowością. W tym przypadku nie można nawet mówić o egoizmie, gdyż instancja „ja", w tamtym czasie nie wykształciła się jeszcze z mroku nieświadomości. O czym warto już wspomnieć, ów *ruch od zależności od kierowania zewnętrznego do wewnętrznej odpowiedzialności każdej jednostki za los własny i wspólny* zauważamy jako jeden z głównych nurtów w studiach poświęconych znaczeniu przywództwa. *Im więcej świadomości, tym większa zdolność do samoopanowania i wewnętrzna niezależność od naturalnych czynników popędowych jak i zewnętrznych autorytetów.*

Tę filogenetycznie ukształtowaną potrzebę władzy przywódczej nad nieświadomymi impulsami indywiduów tworzących zbiorowość wzmacniają niepomiernie ontogenetyczne uwarunkowania. Dalsze wyjaśnienia tego zjawiska znajdujemy zarówno u S. Freuda jak i kontynuatorów jego myśli, mam tu na uwadze przede wszystkim M. Klein i jej szkołę. Praca terapeutyczna z dziećmi nasunęła im spostrzeżenie, że pierwotnie postacie rodzicielskie doświadczane są jako obiekty omnipotentne. Dziecko postrzega je jako istoty dużo od siebie większe, sprawniejsze fizycznie oraz intelektualnie, bez których jego przetrwanie nie byłoby możliwe. Co więcej dziecko jakoś rozumie, że rodzice są twórcami jego życia, jego osoby i w tym sensie, ich moc jawi się infantylnej świadomości jako boska, cudowna i fascynująca choć i zagrażająca zarazem, gdyż ten kto ma siłę kreacji dysponuje również władzą destrukcji [powtórzenie uczucia ambiwalencji]. Potem te pierwotne wyobrażenia, wynikające z relacji dziecko – rodzic zostają przeniesione na relacje wtórne i decydują bezpośrednio o stosunku jednostki wobec reprezentacji ideału „ja" czyli autorytetów społecznych. Niewątpliwie pierwszymi przywódcami, przewodnikami i wszechwładnymi istotami jakie spotykamy w życiu są postacie rodzicielskie. W całej swej istocie stają ideałem „ja" dziecka. Ta z jednej strony filogenetyczna a drugiej rozwojowa konieczność zależności człowieka od mocy sprawczej innych, strukturalizuje się w instancji psychicznej „nad ja". Stąd właśnie wywodzić możemy psychologiczną gotowość człowieka do wyobrażenia jakiegoś bytu, który moje „ja" przekracza w sposób nieunikniony a wyobrażenie to wspólne jest wszystkim ludziom. Reprezentacjami instancji „nad ja" a zwłaszcza „ja idealnego" w kolektywnej świadomości są takie archetypowe postacie jak: bóg – ojciec, król, heros, prawodawca polityczny czy religijny ale również gwiazda sportu czy popkultury, przywódca polityczny, nauczyciel, sędzia, policjant czy „pan" dyrektor czy prezes itd. Z punktu widzenia psychologii nieświadomości, być człowiekiem, oznacza być istotą skazaną na posłuszeństwo wobec reprezentacji „nad ja" i tylko bardzo nielicznym udaje się uwolnić od fascynującego wpływu ideałów i podporządkować ich moc oddziaływania własnej woli.

Przywódcy jako pola siły kreujące znaczenia w obrębie rzeczywistości społecznie uzgodnionej

Aktywność społeczna ludzi zorganizowana jest wokół dystrybucji władzy, pojętej jako moc sprawcza przynależna podmiotowi ale również relacja zależności pomiędzy jednostkami o różnej mocy sprawczej i różnych wyobrażeniach i pragnieniach związanych ze wspólną koegzystencją. Sytuacja ta rodzi konieczność współpracy albo walki.....Władza przywódcza przynależy tym, którzy w najwyższym stopniu określają świadomość społeczną w wymiarze duchowym, ideowym czy emocjonalnym. Wówczas dopiero potrafią oni sterować zbiorowymi emocjami poprzez co wywierają bezpośredni wpływ na system wartości społecznie akceptowanych *i to bez względu na treść tych wartości.* Na przykład, zarówno faszyzm jak i chrześcijaństwo wywołały, a nawet wywołują do tej pory, podobny entuzjazm i poparcie, pomimo że Chrystus i Hitler przyszli do ludzi z bardzo różnymi *nowinami.* Wielu potrafi nawet pogodzić wiarę w przesłanie obu tych przywódców ideowych ludzkości, głównie dzięki zaangażowaniu intelektualnego sprytu, który umożliwia racjonalizację wszelkiego absurdu, do jakiego człowiek jest zdolny w swym szaleństwie.[151] Zdaniem A. Samuelsa, *polityków można podzielić na menadżerów systemu i jego kreatorów* i tylko ci ostatni są, według niego, realnie przywódcami. Jeżeli jednostka w ramach mikrostruktury, w jakiej funkcjonuje potrafi kreatywnie wpływać na świadomość innych, ich cele, pragnienia – czyli rzeczywistość imaginacyjno – emocjonalną, która leży u podstaw motywacji do działań, wtedy jest w tym układzie przywódcą naprawdę, gdyż jest *czynnikiem aktywnie kształtującym wolę innych.*

O wartości kultury decyduje zasób symboli oraz idei, które są na tyle żywotne w zbiorowej świadomości, iż sprawiają, że jej członkowie przekonani są o tym, że obraz rzeczywistości jaki kształtują przy ich użyciu jest właściwy, słuszny oraz adekwatny i normalny. Pewność taka pozwala dopiero na tworzenie kolektywnych wyobrażeń o tym, że odmienne obrazy rzeczywistości są niewłaściwe i fałszywe. Jednak aby ludzie skupiali się razem wokół przeżywania jakichś idei czy symboli jako znaczących, konieczni są reprezentanci, którzy będą je bezpośrednio wyrażać. Człowiek bowiem nie potrafi upodobnić się do systemu jako abstrakcji, ale identyfikuje się z konkretnymi osobami, które dany system reprezentują, stanowiąc jego wzorcowe wcielenia, ikony. Przywódcy ideowi, transformacyjni, sprawiają że ludzie zaczynają czuć się „dziećmi jednego ojca", „braćmi". Takich „rodzinnych" metafor, znajdziemy wiele w języku religii czy ideologicznie zorientowanej polityki, jeśli nie jest to pragmatyzm. Natomiast polityka pragmatyczna, zjednoczyła ludzi wokół doczesnych potrzeb ciała. W tym przypadku ojcem i matką karmiącą wszystkich jest rynek, a przejawem najwyższej mądrości są prawa jego koniunktury [wymiar wartości ma fundament w prostej zasadzie: dobre jest to co się sprzeda]. Dlatego moc kierowania ludźmi posiadają ci, którzy mają

---

[151] Teoria redukcji dysonansu poznawczego E. Aronsona.

szczególne możliwości w zakresie kontrolowania konsumpcji tu i teraz, gdyż jest to raj współczesnego człowieka, do którego zmierza większość. O ile możemy stwierdzić, że ideologie wyznaczają linie demarkacyjne podziałów społecznych o tyle pragmatyzm nie rozbija całości organizmu społecznego na grupy ale raczej powoduje równomierną atomizację tej całości. Pragmatyzmu nie reprezentują też przywódcy, którzy skupialiby na sobie uwagę społeczeństwa, jako wyraziciele kulturowego czy duchowego etosu. Współczesny lider w demokratycznym państwie dobrobytu, charakteryzuje się zwykle rozsądkiem kupieckim. Jego decyzje i motywacje łatwo przewidzieć bo obliczone są na kumulację zysku kapitałowego i osobistego prestiżu. Z tego też względu, obecnie państwa zachodnie zarządzane są raczej przez menadżerów niż kierowane przez przywódców. Vaclav Havel w swojej biograficznej książce, o współczesnych politykach napisał dość znaczące słowa:

„bycie politykiem nie jest żadnym wstydem, a dążenie do zdobycia jakiejś pozycji czy funkcji politycznej nie jest niemoralne. Ważne, żeby nie był to cel sam w sobie albo sam dla siebie, wynikający jedynie z tego, aby cieszyć się z odpowiedniej pozycji czy z przywilejów, ale żeby był to autentyczny wyraz służenia dobrej sprawie. Problem polega na tym, że o służbie narodowi mówi każdy i tylko od instynktu wyborców zależy, czy rozpoznają, kto mówi szczerze, a kto tylko po to, żeby się dobrze ustawić"[152]. Z perspektywy psychologii, wydanie jasnego sądu o tym, kto jest autentycznie oddany ludziom a kto przede wszystkim własnym interesom, jest o tyle trudne, że aby uniknąć zaniżenia samooceny, ludzie zwykli nie tylko kłamać innym, ale przede wszystkim kłamią sobie[153]...

Zjednoczenie wokół urojeń wielkościowych przywódcy. Klęska rozdętego „JA".

Patrząc z punktu widzenia jugowskiej czy freudowskiej teorii widzimy, że psychika indywidualna nie stanowi produktu ściśle personalnego doświadczenia. Największym odkryciem C.G. Junga jest kolektywna nieświadomość jako archetypowa psychika. Ukazał on i objaśnił prepersonalny lub transpersonalny wymiar psychiki, który manifestuje się w uniwersalnych wzorcach i obrazach, jakie znajdujemy we wszystkich światowych religiach i mitologiach. Naczelną psychiczną władzą, która jednoczy w sobie wszystkie archetypowe znaczenia i wzorce, której podporządkowane jest „ja", stanowi archetyp jaźni. Archetyp jaźni integruje i porządkuje centrum i totalność psychiki i stanowi centralne źródło energii życiowej. W świadomości jaźń przejawia się pod postacią różnorodnych symboli wyrażających totalność, całość czy jedność przeciwieństw. Obraz jaźni jest identyczny z imago Dei i doświadczany jako wewnętrzna boskość. W opowieściach mitologicznych czy baśniach, relacja między „ja" i jaźnią opisywana została jako relacja pomiędzy Człowiekiem i Bogiem, Stwórcą.

W wymiarze społecznym i politycznym możliwa jest taka sytuacja, że znaczenia archetypu jaźni projektowane są na postacie przywódców jednoczących ludzi wokół jakiejś wspólnej dla

---

[152] Havel V., "Tylko krótko proszę", Wyd. ZNAK, Kraków 2007, s. 94 -95.

[153] Poszerzona teoria dysonansu poznawczego E. Aronsona, w: Aronson E., Dysonans, hipokryzja i obraz własnej osoby w: pod red. Aronson Eliot, Człowiek istota społeczna. Wybór tekstów, Warszawa, 2001, PWN, r.16.

wszystkich sprawy. Wówczas ci przywódcy przeżywani są jako reprezentanci tej nadrzędnej (boskiej) idei. E. Edinger[154] dowodzi, że projektowanie suprapersonalnych wartości, charakterystycznych dla archetypu jaźni na ruch społeczny czy polityczny, prowadzi do jego „ideologizacji". Wówczas energia psychiczna o charakterze sakralnym, zastosowana zostaje do celów i spraw świeckich. W takim przypadku, w drodze projekcji wartości archetypu jaźni, osoby reprezentujące doczesne ideały i cele, zostają ubóstwione, a w świadomości społecznej przypisana im zostaje potężna, nadludzka moc. Przywódcy totalitarni, czy wielkie gwiazdy sceny politycznej i filmowej często staja się obiektami projekcji sakralnych znaczeń, których właściwym zbiornikiem powinien być wymiar religijny. „Jeśli „ja" w procesie identyfikacji jaźnią ulega roztopieniu to daje to początek mglistemu „nadczłowiekowi" z rozdętym" ego – pisze C. G. Jung.[155] Możemy przyjąć, że z takim zjawiskiem mieliśmy do czynienia w przypadku Wladimira Ilicza Ulianowa. Jeden z jego biografów B. Williams cytuje wypowiedzi kilku osób, które Lenina poznały. Pewien ludowy pisarz, który miał z nim do czynienia, zwrócił uwagę na wyraźną już u młodego Lenina świadomość słuszności własnych racji: „Dla niego...marksizm nie był przekonaniem światopoglądowym, ale religią. Wyczuwało się w nim to poczucie niezachwianej pewności, które nie idzie zwykle w parze z naprawdę ugruntowaną wiedzą". Trocki zaś twierdził, że dla Lenina „człowiek nie był celem samym w sobie, ale narzędziem". Opinię tę potwierdza Gorki: „klasy pracujące są dla Lenina tym, czym minerały dla metalurga". Siostra Martowa, Lidia Dan wspominała: „ Lenin wiedział, był przekonany, że zna prawdę i że daje mu to prawo, by nie tylko zjednać cię do swoich idei, ale sprawić, byś postępował według jego wskazówek, i to nie dlatego, że robi coś dla siebie, ale ponieważ wiedział, że było to konieczne". Łunaczarski zaś powiedział: Umiłowanie władzy przez Lenina wynikało z jego niezachwianej pewności co do słuszności przyjętych przez niego zasad i, prawdopodobnie z tego, że nie był absolutnie w stanie...przyjąć punktu widzenia oponenta". Lenin, dodaje jego B. Williams, był niezwykle twardy, mało sentymentalny i pełen wyjątkowego poświęcenia dla realizowanego przez siebie celu: stworzenia w Rosji i na całym świecie społeczeństwa socjalistycznego.[156] Psychologia jungowska umożliwia precyzyjne uchwycenia czynnika nieświadomego, który uczynił Lenina [i nie tylko jego], przywódcą tak pewnym swoich uniwersalnych wizji ładu społecznego. „Ja" Lenina zostało zawładnięte przez archetyp transpersonalnej pełni i mocy. Proces ten uczynił z „człowieka Lenina", „Lenina – proroka" idei marksizmu i komunizmu, w imię realizacji której, wszelkie ofiary były usprawiedliwione. Williams, nieprzypadkowo stwierdza, że kluczem do zrozumienia Lenina jest bolszewicka rewolucja.[157] Gdy wokół trwał nasilający się chaos rewolucyjny, Lenin – prorok porwany przez swoje wewnątrzpsychiczne obrazy ładu nie tracił wiary w słuszność prowadzonej przez siebie polityki, ale stracił kontakt z człowiekiem i to nie tylko z sobą jako człowiekiem, ale co gorsza, z tym co ludzkie w

---

[154] Edinger E., Ego And Archetype, Schambala, Boston- London, 1992.
[155] C.G.Jung, On the Nature of the Psyche, CW 8, par. 430.
[156] Williams B., Lenin, Zakład Narodowy imienia Ossolinskich Wydawnictwo, Wrocław – Warszawa – Kraków, 2000, s. 18 – 19.
[157] tamże, s.171.

sztuce przywództwa i polityce w ogóle. Struwe mówił o „obcesowości i okrucieństwie" Lenina i jego „faktycznym samoumartwianiu, będącym istotą każdego prawdziwego ascetyzmu, które w połączeniu z surowym stosunkiem do innych ludzi znalazło swój wyraz w abstrakcyjnej nienawiści społecznej i w zimnym politycznym okrucieństwie"[158].

Owładnięcie archetypem jaźni ma charakter uniwersalny, jest pewną psychologiczną skłonnością, która motywuje ludzi do poszukiwania władzy nad innymi i wymuszania od nich posłuszeństwa i ofiarności, o charakterze bezgranicznym, czemu towarzyszą intensywne fantazje na temat własnej wielkości i nieograniczonej mocy. Aby lepiej objaśnić, z punktu widzenia psychologii głębi, tę skłonność natury ludzkiej, przytoczę kolejny przykład przywódcy żyjącego w latach siedemdziesiątych XX wieku. Idi Amin, będąc dyktatorem politycznym w Ugandzie, nadał sobie taki oto tytuł: „Jego Ekscelencja Dożywotni Prezydent Marszałek Polny Al – Hadż Dr Idi Amin Dada, kawaler Krzyża Wiktorii, Krzyża Wojennego i Orderu za Wzorową Służbę, Pan Wszystkich Stworzeń na Lądzie i Ryb w Morzu, Zwycięzca Imperium Brytyjskiego w całej Afryce, a zwłaszcza w Ugandzie"[159]. Mawiał też, że jest najpotężniejszym człowiekiem na świecie oraz, że Bóg pojawił mu się w śnie i powierzył doniosłą misję, z czasem zaczął zmuszać osoby ze swojego otoczenia, aby przed nim klękały.[160] Odpowiedzialny jest politycznie za wymordowanie, często ze szczególnym okrucieństwem, ponad trzystu tysięcy ludzi[161].

Postacie przywódców, na które projektowana jest przez społeczeństwo moc boska, mają ogromny wpływ na kolektywna świadomość i skupiają na sobie społeczną uwagę, jednocząc tym samym ludzi wokół wartości, które są na nich rzutowane ale też, które oni wydobywają na jaw ze zbiornika kolektywnej nieświadomości. Do sytuacji konfliktowych o ogromnym nasileniu dochodzi, jeżeli sakralnie traktowane racje przywódców, dotyczą bieżących problemów a nie kwestii o charakterze religijnym i transcendentnym. W przypadku, gdy tacy politycy wskażą w otoczeniu społecznym jakiegoś wroga, wówczas walka z nim traktowana jest jako walka ze złem ostatecznym, które trzeba zniszczyć albo zostanie się przez nie zniszczonym. Ludzki wymiar konfliktu, staje się niedostępny świadomości zaangażowanym w taki konflikt stronom. Toczą one bowiem bój ze „złą mocą" a nie z drugim człowiekiem, który ma inne poglądy czy cele i dlatego można by z nim pertraktować. Jeżeli społeczeństwa, za sprawą przywódcy, który identyfikuje się z obrazem boskim, poddadzą się procesowi inflacji i uwierzą w swoją absolutną, totalna rację, to zjednoczą się one ze swoim wrogiem we wspólnej walce i wspólnej śmierci, w sposób ostateczny[162].

---

[158] tamże, s. 18.
[159] Robins S., Post J., Paranoja polityczna. Psychologia nienawiści, KiW, Warszawa 2007, s. 321
[160] Tamże, s. 326.
[161] Po zajęciu Kampali przez wojska Tanzańskie Idi Amin zbiegł do Arabii Saudyjskiej, za: tamże.
[162] Taki charakter miały dwie, a dodając jeszcze zimną wojnę, to nawet trzy ostatnie wojny światowe. Świat się podzielił politycznie by następnie zewrzeć się w walkach, które pochłonęły miliony istnień ludzkich. Ostatni z tych konfliktów, poprzez wyścig zbrojeń nuklearnych, ukształtował w skali globalnej nowy typ ludzi, którzy żyją na co dzień w obliczu możliwej apokalipsy. H. Segal, zwraca uwagę na to, że ta realność nuklearnej zagłady wpływa nieświadomie na stan psychiczny współczesnego człowieka, wzmagając stany depresyjne i poczucie

Jednakże, jeśli przywódca, na którym zostały zogniskowane projekcje archetypu jaźni, wydobywa z zasobów kolektywnej nieświadomości twórcze i konstruktywne symbole i znaczące treści, wówczas staje się on czynnikiem jednoczącym ludzi wokół wspólnego wzrostu, twórczości i intensywnego rozwoju społecznej świadomości. Dzięki takiej postaci, zbiorowość kontaktuje się z całą totalnością potencjału psychicznego jaki obecny jest w sferze nieświadomej. Pojawienie się takich postaci jak Kriszna, Mojżesz, Lao Tsy, Konfucjusz, Budda Śiakiamuni, Jezus Chrystus, Mahomet, wpłynęło na rozwój całych kultur społecznych na przestrzeni tysięcy lat. Byli oni niewątpliwie przywódcami ludzkich umysłów, nawet jeżeli wprost nie sprawowali urzędów politycznych. W naszych czasach takimi wielkimi postaciami, które wprowadziły do świadomości społecznej elementy jedności i solidarności międzyludzkiej byli Mahatma Gandhi, Martin Luter King, Jan Paweł II, Dalajlama XIV.

Przypomnijmy tu jeszcze raz, że wzorce ludzkiej wspólnoty w sensie psychologicznym, bazują bezpośrednio na archetypie jaźni, reprezentującym complexio oppositorum czyli niepodzieloną pełnię zjednoczonych przeciwieństw. Właśnie z tego powodu, przywódcy, którzy szczególnie wyraziście wnieśli idee pokojowego współistnienia do świadomości społecznej byli zwykle zakorzenieni mentalnie w systemach religijnych czy doktrynalnych, przedstawiających obraz świata zjednoczonego wokół nadrzędnej boskiej mocy. Podkreślić należy, że przywódcy, którzy wnoszą przesłanie *communio naturalis* pośród ludzi, nie utożsamiają się z ideą, którą reprezentują i nie mówią o sobie, że są istotami boskimi, nieomylnymi albo że potrafią, gdy zechcą „zawracać biegi rzek" – jak twierdził, na przykład, towarzysz J. Stalin, będąc owładniętym przez archetypową nieświadomość. Podkreślają raczej, że są tylko zwykłymi ludźmi, niosącymi chwalebne przesłanie, a ich celem jest służba bliźniemu. Jeśli tak się dzieje, to istnieje prawdopodobieństwo, że w danym przypadku nie nastąpiło owładniecie ja przez archetyp jaźni, wraz z towarzyszącymi temu zjawisku przejawami rozdęcia obrazu własnej osoby z urojeniami wielkościowymi włącznie. Dalajlama XIV, uznawany przez Tybetańczyków za żywą manifestację boskiej, oświeconej istoty, w swojej autobiografii pisze:

„Modlę się, bym pewnego dnia mógł zanieść to posłanie troski o środowisko i o innych ludzi mieszkańcom Chin. Ponieważ buddyzm z pewnością nie jest Chińczykom obcy, wierzę, że naprawdę mógłbym im służyć. [...] *Jako buddyjski mnich* troszczę się o wszystkich członków ludzkiej rodziny i, zaiste, o wszystkie cierpiące istoty. Uważam, że cierpienie spowodowane jest przez nieświadomość, uważam, że ludzie zadają ból innym, szukając własnego szczęścia i satysfakcji. Jednak prawdziwe szczęście wypływa z poczucia wewnętrznego spokoju i zadowolenia, które można osiągnąć tylko poprzez rozwijanie altruizmu, miłości i współczucia oraz usuwanie gniewu, egoizmu i chciwości. Niektórym może wydać się to naiwne, ale przypomnę im, że bez względu na to, skąd pochodzimy, jesteśmy przede wszystkim takimi samymi istotami ludzkimi. Wszyscy szukamy szczęścia i unikamy

---

mniejszej wartości a nawet swoistej realizacji otaczającego świata w: w: Segal H., Psychoanaliza, literatura i wojna. Pisma z lat 1972-1995,Gdańsk,GWP, 2005.

cierpienia. Wszyscy mamy te same podstawowe potrzeby i troski. Ponadto wszyscy pragniemy wolności prawa do decydowania o własnym losie.. Taka jest natura ludzka. Wielkie zmiany jakie zachodzą na całym świecie, od Europy Wschodniej po Afrykę, są tego wyraźnym dowodem. Jednocześnie problemy, przed którymi stoimy – brutalne konflikty, zniszczenie Natury, nędza, głód i wiele innych – są problemami stworzonymi głównie przez ludzi. Można je rozwiązać – ale jedynie wspólnym wysiłkiem i rozwijaniem braterstwa. Żeby to osiągnąć musimy z dobrym sercem i mądrością budować powszechną odpowiedzialność za siebie nawzajem i za planetę, którą dzielimy."[163]

Z punktu widzenia psychologii analitycznej, ten przymus identyfikacji „ja" poszczególnych jednostek, z postacią reprezentującą jaźń, jest pozostałością pierwotnej inflacji polegającej na utożsamianiu się niedojrzałej psychiki dziecięcej z archetypowym centrum [jaźnią]. Dzieje się tak gdyż początkowo dziecięce „ja" jest na tyle znikome, że jeszcze nie wyodrębnia siebie z transpersonalnego wymiaru pełni psychicznej. Stąd u dzieci oraz u osób w fazie inflacji psychicznej pojawiają się najczęściej fantazje omnipotentne, gdzie wyobrażenia o granicach własnych możliwości przesunięte są daleko poza horyzont zdrowego rozsądku. R. Kapuściński, w swojej książce poświęconej cesarzowi etiopskiemu Hajle Sellasje, opisuje reakcję tego monarchy na rozruchy polityczne, które miały miejsce pod koniec jego panowania w latach'70, a były wyrazem sprzeciwu trawionego głodem ludu wobec zacofania kraju i obojętności władzy na powszechną nędze. Oto Hajle Sellasje wkrótce po krwawym stłumieniu wystąpień, nakazał „całkowity rozwój" kraju bez potrzeby reform gospodarczych.[164] Stwierdzenie „nakazał" jest tu centralnie istotne, gdyż ujawnia irracjonalne owładnięcie ego przez archetyp jaźni, które pozwala jednostce przeżywać siebie, jako władcę, którego wola spełnia się gdy tylko on tego zechce [mit czarodziejskiej różdżki]. W powyższym przypadku, mamy do czynienia z sytuacją, gdzie przywódca, bierze swoje wyobrażenia narzucające się mu z nieświadomego poczucia infantylnej omnipotencji za społeczną realność. Podyktowane manią wielkości cesarza, fasadowe i chybione inwestycje finansowane środkami z zagranicznych kredytów, nie mogły rozwiązać problemu głodu i biedy Etiopczyków. Były to więc ostatnie lata panowania Hajle Sellasje i ostatnie lata jego życia. Został zdetronizowany już jako niedołężny starzec a rządy, na skutek przewrotu politycznego przejął Wojskowy Komitet Tymczasowy. Nigdy jednak Hajle Sellasje, po utracie realnej władzy, nie przestał się czuć cesarzem Etiopii i „królem królów", persona zawładnęła całą jego tożsamością, co sprawiło, ze stracił kontakt ze sobą jako człowiekim - maska pochłonęła aktora. Obraz postaci królewskiej wpisany był bardzo wyraziście w mentalność Etiopczyków, jako symbol ich „ja idealnego". Z tego też względu po usunięciu cesarza z jego siedziby, nie został on stracony albo zwyczajnie uwięziony. Wojskowi przenieśli go do starego pałacu, gdzie był Hajle

---

[163]Tenzin Giatco Dalajlama, Wolność na wygnaniu, Świat Książki, Warszawa 1999, s. 270.
[164] R. Kapuściński, Cesarz, Czytelnik, Warszawa, 2005, s. 85.

Sellasje nadal traktowany przez swoich żołnierzy jako monarcha. R. Kapuściński wyjaśnia tę kwestie zagnieżdżenia obrazu cesarza w psychice narodu, rekonstruując myśli jednego ze sług Hajle Sellasje:

„[...] nie ruszają cesarza, ponieważ potrzebują czasu, żeby przygotować do tego opinię: miasto musi zrozumieć, dlaczego usuwają monarchę. Oficerowie zdają sobie sprawę na czym polega myślenie życzeniowe ludu i jakie kryje ono w sobie niebezpieczeństwa. Magiczność tego myślenia polega na tym, że osobę najwyższego obdarza się – czasem nieświadomie – cechami boskości. Najwyższy jest najlepszy, jest mądry i szlachetny, jest nieskalany i dobrotliwy. To tylko dygnitarze są źli, oni są sprawcami wszelkiej biedy. Ba, gdyby najwyższy wiedział, co jego ludzie wyprawiają, natychmiast naprawiłby zło, od razu Życie stałoby się lepsze! Niestety, ci przebiegli nikczemnicy wszystko tają przed swoim panem i dlatego wszędzie jest tyle okropności, dlatego życie jest tak trudne do zniesienia, tak niskie i nieszczęsne. Magiczność tego myślenia polega na tym, że – w rzeczywistości – w systemie jednowładczym właśnie ten najwyższy jest pierwszą przyczyna wszystkiego, co się dzieje. On doskonale o wszystkim wie, a nawet jeśli czegoś nie wie, to tylko dlatego, że wiedzieć nie chce, że jest mu to niewygodne. Nie było żadnego przypadku w tym, że otoczenie cesarza składało się w większości z ludzi podłych i płaskich."[165]

W głębokiej nieświadomości przywódca w społeczeństwie jest kojarzony z tą postacią, która jest wiodąca ze względu na to, że dysponuje zdolnościami, które przekraczają możliwości przeciętnego człowieka. Dlatego między innymi, **postacie królewskie,** zawsze otaczano szczególnym respektem a kontakt z nimi był obwarowany rytualnymi nakazami i koniecznością przestrzegania najróżniejszych tabu. Zwykle też funkcja króla czy przywódcy plemiennego łączyła się z funkcjami religijnymi. U zarania Cesarstwa Rzymskiego w VIII w. p.n.e. tytuł najwyższego kapłana i króla Rzymu przypadał tej samej osobie. Tradycja ta powróciła pomiędzy 12 r. p.n.e. i obowiązywała aż do 379 r. n.e., dając początek problematycznym kwestiom cezaropapizmu, rządów teokracji oraz rozdzielności władzy świeckiej od religijnej. Pogłosy tych sporów obecne są w polityce do tej pory [również na gruncie polskim]. Jak już powiedzieliśmy, ta bliskość władzy politycznej i religijnej w historii kultury, wyraża wprost wspomniane powyżej nieświadome powiązania obrazu psychicznego przywódcy jako istoty, która przekracza człowieczeństwo w kierunku boskości - jaźni. Badania Milgrama[166] nad posłuszeństwem wobec autorytetu potwierdzają, nieredukowalną skłonność

[165] R. Kapuściński, dz. cyt., s. 141 – 142.

[166] Warto w tym miejscu przypomnieć, że Miligram, przed opublikowaniem wyników swoich badań nad posłuszeństwem [1974] przedstawił swój eksperyment 40 psychiatrom z renomowanej akademii medycznej i poprosił, żeby przewidzieli jego wyniki. Respondenci odpowiedzieli, że mniej niż 4% uczestników będzie kontynuować eksperyment, gdy uczeń przestanie odpowiadać, a tylko 0, 01% doprowadzi zadanie do samego końca. Psychiatrzy nie docenili siły posłuszeństwa. Ponad 80% uczestników kontynuowało badanie po tym, gdy uczeń przestał dawać znaki życia, ale szef badania nakazał dalsze aplikowanie wstrząsów elektrycznych nieprzytomnej już osobie. 60% doszło do samego końca eksperymentu, co wiązało się z koniecznością aplikacji wstrząsów elektrycznych o mocy śmiercionośnej. Poziom posłuszeństwa pozostał na tym samym poziomie, gdyż naukowcy powtórzyli ten eksperyment pod koniec lat '90, za: Cialdini R.B., D.T. Kenrick, S.L., Neuberg, Psychologia społeczna, Gdańsk 2002, G.W.P., s. 293. Szczegółowy opis badania Miligrama znajduje się w: Aronson Eliot [2001], Człowiek istota społeczna. Wybór tekstów, Warszawa, PWN, r. 4.

człowieka do bezrefleksyjnego, automatycznego posłuszeństwa wobec osób darzonych autorytetem [freudowskie „ja idealne", jungowska „jaźń"].

Zjednoczenie wokół paranoidalnych lęków. Klęska projekcji własnej wrogości na innych

Psychologiczne ugruntowanie znaczenia przywódcy dla społeczeństwa nie ma charakteru demokratycznego. Im grupa głębiej pogrążona jest w procesie nieświadomym, tym bardziej będzie pożądała przywódcy, który wcieli się w archetypową postać herosa – bóstwa, czyli tego kto dysponuje ponadludzką mocą sprawczą a swych sądach jest nieomylny. Dopiero taka konstrukcja znaczenia przywódcy pozwala zregresowanym jednostkom, na uzyskanie poczucia bezpieczeństwa i równowagi. W sensie rozwoju świadomości społecznej na przestrzeni historii zauważamy, że dopiero przełom oświeceniowy umożliwia uczłowieczenie władzy królewskiej i z czasem, przynajmniej formalne, uwolnienie jej od przymiotów boskich oraz konotacji religijnych. Aby stało się to możliwe, społeczeństwo musiało dojrzeć do przyjęcia odpowiedzialności za swoje decyzje. Proces ten zaś postępował w tempie proporcjonalnym do upowszechnienia oświaty.

Zbiorowość, która funkcjonuje na niskim poziomie świadomości na skutek inflacji czy regresu psychicznego, nie jest w stanie przyjąć i pojąć swojej czynnej roli w kształtowaniu własnego losu, dlatego pragnienia popędowe, wrogie impulsy i lęki przeżywa poprzez system projekcji oraz wyobrażeń o charakterze mitologicznym. Ponieważ, jak już wspominaliśmy, pomiędzy psychologia przywódcy i psychologia zbiorowości musi występować odpowiedniość, ten kto kieruje taką grupą, sam musi podlegać procesowi nieświadomemu ze szczególna siłą.

mit wotaniczny

Typowym przykładem takiej dopełniającej się diady przywódca i zjednoczona wokół niego grupa jest relacja pomiędzy Hitlerem a narodem niemieckim. C.G. Junga twierdził, że Niemcy uległy Hitlerowi, gdyż jest on odzwierciedleniem ich narodowej, kolektywnej nieświadomości. Będąc świadkiem wydarzeń politycznych lat '30, które miały doprowadzić do wypuszczenia Zimnej Bestii perfekcyjnie zorganizowanego ludobójstwa, [z jego myślą przewodnią jaką było, między innymi, hasło: „praca czyni wolnym" – jakże ciągle aktualne...] C.G. Jung napisał: „Patrząc na Hitlera, widzimy jak działa w nim nieświadomość. On sam zawsze odwołuje się do swojego Głosu – to przecież nic innego jak jego nieświadomość, na którą naród niemiecki wyprojektował samego siebie; mamy tu zatem do czynienia z *psyche* nieświadomą siedemdziesięciu ośmiu milionów ludzi. To właśnie ona daje Hitlerowi siłę."[167] Gdy Hitler mówił: „ja i naród to jedno" to dosłownie miał rację – dodaje C.G. Jung. Według niego, przywódca Trzeciej Rzeszy był zawładnięty przez archetypową postać ojca bogów germańskich, Wotana, patronującego burzy, szaleństwu i wojnie. Jako wieczny włóczęga, ukazywał się ludziom z rzadka, nocą, w świetle błyskawic. To jemu powierzono runy, jako symbol mądrości ale też mocy magicznych, wiedzy tajemnej oraz poetyckiego natchnienia. Te

[167] Jung C.G., Rozmowy, wywiady, spotkania, Wydawnictwo KR, Warszawa 1999, s. 135.

wotaniczne przymioty, wyraźnie obecne były w przemówieniach Hitlera oraz symbolice estetycznej państwa niemieckiego, w czasie 12 lat trwania jego władzy. Wotan sprawował pieczę nad zmarłymi, aby go obłaskawić składano mu ofiary z powieszonych ludzi. Jego charakter boga - władcy a jednocześnie boga wojny i śmierci wyraża, według C.G. Junga, sakralny stosunek Niemców do panowania oraz religijnej waloryzacji śmierci na polu walki. Wotan miał poprowadzić swój lud do ostatecznej bitwy „ragnarok", która ma się odbyć u kresu dziejów [w czasach broni atomowej, ta wyrocznia wcale nie brzmi niewiarygodnie]. Pojmowana ekstatycznie przez starożytne ludy germańskie natura śmierci, zbliżała postać wojownika do postaci poety i szamana. Wotan, jako wieczny włóczęga wznieca niepokój i zamęt wszędzie gdzie się pojawi[168]. Hitler owładnięty archetypową postacią, odpowiedział na nieświadome potrzeby poniżonych poprzez traktat wersalski Niemców, włóczących się bez nadziei po ulicach na skutek masowego bezrobocia. Sam Hitler, o czym zdaje się C.G. Jung nie wiedział, również po śmierci swoich rodziców, został w końcu bez dachu nad głową i dopiero przystąpienie do armi w czasie pierwszej wojny zmieniło jego los tułaczy[169]. Hitler – Wotan, jak zauważa C.G. Jung, obudził w Niemcach niespokojną, skorą do przemocy oraz burzliwą część ich psychologii kolektywnej, jak też dyspozycje do oddawania się uczuciom i stanom ekstatycznym i wizjonerskim. Już w 1936 roku, twierdził C.G. Jung, że wojna prowadzona przez Hitlera, będzie miała dla Niemców charakter sakralny i mesjanistyczny. Nieświadomie, będą oni dążyć do zrealizowania archetypowego wzorca i pójdą za „ojcem narodu" na ostateczną bitwę, która położy kres ich ziemskim dziejom, gloryfikując przy tym śmiertelne zmagania w bitewnej ekstazie. Wotaniczny przywódca, według C.G. Junga, stwarzając iluzje wielkości i misji dziejowej, miał wzniecić w Niemcach nieprawdopodobne pokłady nieświadomej energii psychicznej, które pozwolą uwierzyć im w sens i konieczność przelewu krwi[170]. Historia w pełni potwierdziła te przewidywania, zbudowane na analizie mitu wotanicznego, jako reprezentacji wzorców i skłonności psychicznych, które zakodowane są w nieświadomości kolektywnej ludów germańskich. Chociaż ostateczny „ragnarok" jeszcze nie nastąpił..

„walcz lub uciekaj"

W. Bion opisał w jaki sposób grupa ogarnięta lękiem paranoidalnym radzi sobie z napięciem, jednocząc się wokół przywódcy, który kieruje jej prześladowczymi fantazjami. W przypadku grupy opartej na podstawowym założeniu emocjonalnym „walcz lub uciekaj", członkowie zachowują się jakby mieli stoczyć bitwę z zewnętrznym wrogiem albo przed nim uciec. Przywódca wskazuje odpowiednie cele ataku, przekierowując narastającą w członkach grupy frustrację i napięcie agresywne na wroga zewnętrznego. Proces ten automatycznie uruchamia w jednostkach gotowość do poświęceń na korzyść innych członków kolektywnego organizmu. Działania te uważa się za niezbędne do utrzymania grupy jako całości gdyż każdy z uczestników zyskuje dzięki temu poczucie

---

[168] Jung C.G., Civilization in Transition, Wotan, Bollingen Fundation, New York, 1964, s. 179 – 193.
[169] Fromm E, Anatomia ludzkiej destrukcyjności, Rebis, Poznań, 2002, s. 439.
[170] Jung C.G., tamże.

bezpieczeństwa. Utrzymanie grupy wbrew wyimaginowanemu wrogowi to cel zasadniczy, jednostka ma drugorzędne znaczenie, jej potrzeby a nawet życie mogą zostać poświęcone dla dobra ogółu. Anima mundi tego zjednoczeniowego procesu jest przywódca. Według W. Biona, taka zależnościowa grupa zachowuje się jakby przywódca był wszechmądry i wszechmocny. Konstruując wyobrażenie „tego kto wie lepiej i się nie myli", może dopiero zyskać poczucie bezpieczeństwa i ochrony. W. Biona zaskakiwało to, że poszczególne indywidua, w zbiorowościach opartych na uczuciach zależnościowych, bez względu na poziom wiedzy i doświadczenia, zachowywały się tak jakby nie miały zdolności wydawania osobistych sądów czy opinii, niezależnych od zdania przywódcy.[171]

Na bazie bionowskich konceptualizacji psychologii grupowej, Earl Hopper wywnioskował, że podstawowe psychiczne potrzeby jednostki i grupy to spójność, integracja i poczucie więzi. Najwięcej zaś lęku budzi rozpad wzajemnych związków lub psychiczna dezintegracja, która przeżywane są jako apokalipsa – koniec jedności obrazu świata w jakim żyli, który ich ukształtował i którego czuli się integralna częścią. Lęk ten, E. Hopper nazwał podstawowym założeniem niespójności. Grupa bojąc się unicestwienia, dąży w swej obronie do zatarcia granic pomiędzy poszczególnymi członkami, co prowadzi wreszcie do ogólnego zamętu, bo nie może jednostka funkcjonować samodzielnie bez indywidualnej tożsamości. Lęk przed alienacją i brakiem spójności skłania poszczególne osoby tworzące grupę do zlaniem się w jedną całość[172], zaś aby poczuć się całością musza mieć kogoś, kto tę całość reprezentuje, i ten zostaje wybrany na przywódcę. J.M. Post i R.S. Robins twierdzą, że szczególnie po zbiorowym urazie, grupa wytwarza lub werbuje przywódcę o skłonnościach paranoicznych. Wokół niego ogniskuje się, w obronie przed niepewnym i zagrażającym światem, zbiorowe „My", które otaczają drapieżni „Oni". Podążając dalej tym tropem, J.M. Post i R.S. Robins dochodzą do wniosku, że *jednym z głównych elementów łączących ludzi w zinstytucjonalizowaną wspólnotę jest obrona przed psychotycznym lękiem.* Dodają, że społeczna organizacja stanowi rezerwuar takich prymitywnych zniekształceń, które sprawiałyby wrażenie psychotycznych, gdyby manifestowała je pojedyncza osoba.[173] Do tego samego wniosku dochodzi H. Segal. Zwraca ona uwagę na bardzo znamienity proces, oto jeśli ugrupowania polityczne ucieleśniają wizje wielkościowe, głoszą idee mesjanistyczne oraz za wszelką cenę dążą do władzy i nastawiają się wrogo do zbiorowości o odmiennych wizjach rzeczywistości, to jest to traktowane przez społeczeństwo w granicach dopuszczalnej normy, jednak gdy w podobny sposób funkcjonuje jednostka, uznana zostaje za chorą."[174] Tylko w jednym przypadku pojedynczy człowiek może sobie pozwolić na publiczne wyrażanie swoich psychotycznych skłonności i potrzeb – wtedy gdy staje się wielkim przywódcą: Głosem Ludu, Metatronem pośredniczącym pomiędzy wymiarem boskim - archetypowym i ludzkim

---

[171] Robins R.,Post J., Paranoja polityczna. Psychopatologia nienawiści, KiW,Warszawa,200, s.110 – 111.
[172] tamże, s.112.
[173] tamże, s.113.
[174] Segal H., „Milczenie jest prawdziwą zbrodnią" w: Segal H., Psychoanaliza, literatura i wojna. Pisma z lat 1972-1995,Gdańsk,GWP, 2005 .

Zatem poziom świadomości uwarunkowany jest nie tylko wiedzą jednostki o świecie ale również od jej stanem emocjonalnym, bo ani Niemcy w latach '30 nie byli społeczeństwem ludzi prymitywnych ani narody tworzące byłą Jugosławię w latach '90, podobnie jak obserwowani przez W. Biona pacjenci. Z punktu widzenia psychoanalizy regresja do wcześniejszych faz rozwoju następuje na skutek ogarnięcia psychiki człowieka silnymi afektami, które przenoszą jednostki ale i całe grupy do wcześniejszych faz organizacji psychicznej, zarówno w wymiarze filogenetycznym [bestia ludzka,] jak i ontogenetycznym [infantylizm]. Jest to zjawisko istotne dla zrozumienia funkcjonowania postaci przywódcy w systemie demokratycznym.

Dochodzimy w tym miejscu do wniosku, że grupa jest w stanie urealnić postać przywódcy na takim poziomie świadomości na jakim sama funkcjonuje. Im poziom świadomości w grupie jest bardziej ograniczony tym bardziej będzie mitologizowała swoich przywódców, projektując na nich swoje wielkościowe pragnienia i prześladowcze lęki. Niestety *zjawisko regresji psychicznej nie pozwala nam na liniowe pojęcie rozwoju świadomości społecznej w czasie.* Ogarnięte afektami grupy społeczne w każdej niemal chwili gotowe są zamienić się w prymitywna hordę żądną krwi i gwałtu, gdzie przyjemność czerpana z zadawania bólu innym ludziom zdaje się być największą rozkoszą. Przywódcy takich grup zwykle wcielają się w postać bestii, a gdy „czas bestii" mija, nikt nie potrafi wytłumaczyć dlaczego on nastąpił.

Chorwacka dziennikarka, Slavenka Drakulić w swojej książce, prowokująco zatytułowanej, „Oni nie skrzywdziliby nawet muchy", przedstawia, między innymi, postacie przywódców politycznych odpowiedzialnych za akty masowego ludobójstwa i łamanie praw człowieka podczas wojny w byłej Jugosławi w latach 1991 – 1995 [175] [176]. Na szczególną uwagę zasługuje tu postać Ratko Mladicia. Formalnie pełnił on wówczas funkcję dowódcy sił zbrojnych Republiki Serbskiej. S. Drakulić twierdzi, że Mladić był najbardziej charyzmatycznym pośród przywódców serbskich rozgrywających tamtą wojnę a jego ludzie uwielbiali go, widząc w nim postać ojca, kogoś, kto ich ochrania i zapewnia bezpieczeństwo, natomiast w narodach bałkańskich budził przerażenie i nienawiść ze względu na brutalność i arogancję. Przekonany o swoim geniuszu wojskowym, nie szanował nikogo – dodaje autorka, świadek tamtych dni.[177] Mladić jest współodpowiedzialny za śmierć około 200 tysięcy bośniackich Muzułmanów.

mityczny bohater książę Lazar Hrebljanowić

Co ciekawe, S. Drakulić zauważa, że prasa serbska często porównywała go do księcia Lazara Hrebljanowicia - wpisanej w bohaterski etos, postaci historycznej. W 1389 Lazar stanął na czele sił

---

[175] więcej http://www.historycy.org/index.php?showtopic=12185.

[176] Drakulić, dodaje jeszcze takie słowa, odnośnie tej kwestii: „Wszyscy oni kłamali: Milosewić, Karadzić i Mladić. Przez długi czas zagraniczni negocjatorzy brali ich obietnice za dobrą monetę, żeby później przekonać się, że zostali okłamani. [...] Oczywiście Mladić nie miał zamiaru więzić żołnierzy muzułmańskich, którzy złożyli broń. W Srebrenicy nie brał jeńców. Zaledwie kilka godzin po tym, jak dał oficerskie słowo honoru, ze jeńcy będą żyć, rozpoczęły się masowe rozstrzeliwania.." W: Dralulić S., „Oni nie skrzywdziliby nawet muchy. Zbrodniarze wojenni przed Trybunałem w Hadze", Wydawnictwo W.A.B., Warszawa, 2006, s. 137.

[177] tamże, s.188.

serbskich w bitwie przeciwko Turkom na Kosowym Polu. Według legendy, w przeddzień bitwy prorok Eliasz ukazał się mu pod postacią sokoła i kazał wybierać: albo zwycięży bitwę i podbije ziemskie królestwo, albo przegra i zdobędzie w niebie miejsce dla siebie i swoich ludzi. Lazar wybrał nagrodę w zaświatach, na ziemi poniósł klęskę, jego armia została unicestwiona przez Muzułmanów. Od tej pory Serbowie uważają się za „niebiański naród", twierdzi S. Drakulić, inny niż wszystkie, bo wybrali męczeństwo w imię zbawienia[178]. Ten mit wyraźnie odżył pośród Serbów w czasie wojny w latach '90. Mladić stał się „niebiańskim wojownikiem", mitycznym bohaterem. Od czasu zakończenia swojej ludobójczej kampanii ukrywał się przez kilkanaście lat – co ciekawe, wcielając się w postać lekarza bioterapeuty (!). Jego uwięzienie[179] i ekstradycja do Hagi, były kluczowym warunkiem stawianym Serbii przez UE w sprawie rozpoczęcia rozmów o wspólnym partnerstwie. Serbowie nie wydali jednak ucieleśniającego ich mit heroiczny wojownika, znanego w świecie jako „rzeźnik z Bośni", gdyż na jego wyraźny rozkaz dnia 12 lipca 1995, wymordowali 7 tysięcy 475 Muzułmanów. Była to największą masakra w Europie od czasów zakończenia drugiej wojny światowej.[180]

Jak to już zostało powiedziane, zbiorowości społeczne ogarnięte lękiem paranoidalnym, który zwykle uaktywnia się podczas wojen czy innych zaburzeń i kryzysów politycznych, poszukują wroga, na którego mogą projektować swoją agresję. Dlatego wyłaniają przywódcę, który tym wewnętrznym potrzebom nada zewnętrzne uzasadnienie. Żywot społeczności jest zwykle dużo dłuższy niż życie jednostki i skupia się on wokół wspólnie przeżytych w ciągu wieków doświadczeń, które z czasem tworzą system schematów – mitów, pozwalających grupie rozumieć rzeczywistość w sposób dla niej charakterystyczny, widziany poprzez okulary jej kolektywnej historii i świadomości. Faszyści niemieccy, aby znaleźć uzasadnienie dla swych niszczycielskich żądań, przywołali mit wotaniczny zawierający wizję ostatecznej bitwy „ragnarok". Serbowie w podobnej sytuacji, rozpamiętywali legendarną bitwę, która przeniosła w niebiańskie zaświaty ziemskich wojowników, dzięki czemu doczesna klęska, nie tylko stała się mniej bolesna ale nawet przyczyniła się do chwały wiecznej pokonanych. Tego rodzaju mity pomagają społeczeństwom zrozumieć i przetrwać czasy chaosu, kiedy to irracjonalne treści nieświadomości biorą górę i nadają kierunek wydarzeniom. Rozum i jego logika w takich sytuacjach zwykle nie wystarcza a ich głos wydaje się nieważny, gdy na pierwszy plan wydobywa się „Wielka Sprawa".

---

[178] tamże, 188 – 189.
[179] Drugą postacią o którą upominał się Trybunał Haski był R. Karadzić w tamtym czasie prezydent Republiki Serbskiej, co ciekawe, schwytany po 12 latach poszukiwań 21 lipca 2008 [w czasie, kiedy pisany był ten artykuł]
[180] W szczególności ultranacjonaliści silnie protestują przeciw współpracy z Hagą. W styczniowych walkach o prezydenturę kandydujący po raz czwarty Tomislav Nikolić, tymczasowy przewodniczący Serbskiej Partii Radykalnej (SRS), powiedział, że jeśli zostanie wybrany "zbiedzy poszukiwani za zbrodnie wojenne przez Trybunał w Hadze nie będą już musieli bać się aresztu". Nikolić zdobył blisko 47,7% głosów, przegrywając z Boris Tadić z Partii Demokratycznej. Serbska Partia Radykalna jest trzecią pod względem wielkości partią w serbskim parlamencie i wraz ze wzrostem nastrojów narodowościowych, po jednostronnej deklaracji niepodległości Kosowa ogłoszonej 17 lutego 2008 roku, może ona liczyć na większe poparcie w majowym głosowaniu. Za: http://www.cafebabel.com/pol/article/24682/wybory-w-serbii-nacjonalizm-i-poszukiwania-zbrodni.html.

Lider jako koordynator wspólnych działań skierowanych na wzrost świadomości społecznej. Nie ma głupich, gdy wszystkie głosy są tak samo ważne.

Nowe znaczenie przywódcy w głębokiej demokracji wyłania się z badań Arnolda Mindella[181]. Jego podejście do rozumienia jedności świata oparte jest na najnowszych teoriach z zakresu fizyki kwantowej z jednej strony, z drugiej zaś na podejściu jungowskim i metafizyce. Sam A. Mindell jest twórcą nurtu *psychologii zorientowanej na proces*, jednego z najnowszych kierunków w dziedzinie wiedzy na temat umysłu, związanego bezpośrednio z psychologią transpersonalną. Cechą wyróżniającą psychologię transpersonalną jest zastąpienie koncepcji ego przez koncepcję **wzrostu świadomości**. To właśnie wzrost świadomości, jako właściwy cel ludzkiego życia, stanowi punkt centralny pracy terapeutycznej. Dlatego, podstawa pracy z procesem jest właśnie świadomość a nie stany na jakich się ta świadomość skupia, czyli ego - tożsamość jednostkowa. Jak już zauważyliśmy, pomiędzy stanem świadomości jakiejś grupy czy społeczeństwa a znaczeniami jakie przypisuje ono liderowi istnieje bezpośredni związek. Polega on na przejściu od mitologizacji pojęcia przywódcy jako postaci ubóstwianej wprost albo w sposób zakamuflowany i stawiania jej „nad" innymi,[182] do całkowitego usamodzielnienia się poszczególnych indywiduów w grupie. Proces ten jest możliwy tylko w warunkach *wzajemnej empatii* [183] spełnia ona bowiem funkcje społeczne, które realizowane są przez przywódcę: jednoczy ludzi i umożliwia koordynację ich wspólnych działań.

A. Mindell, pojęcie demokracji rozszerza daleko poza granice pojmowania jej jako procedury dystrybucji władzy w systemie politycznym. *Głęboka demokracja*, według niego, zakłada maksymalne **włączenie do władzy wszystkich**, bo tylko wówczas, jak dalej twierdzi, możliwe jest świadome wykorzystanie przez ludzkość całego jej potencjału, którym dysponuje. Dlatego głęboka demokracja, w mindellowskim ujęciu, stanowi pewne rdzeniowo ważne odczucie, że *„świat jest po to, abyśmy w pełni mogli stać się sobą i po to aby światu pomóc stać się całością"*[184]. Realizacja tego celu nastąpi dopiero wówczas, gdy każda jednostka uświadomi sobie, że jest częścią pewnej społecznego i kosmicznego uniwersum. W sensie obiektywnym, brak takiej świadomości nie wyklucza pojedynczego indywiduum z uczestnictwa w procesie globalnym, ale sprawia, że to uczestnictwo jest nieświadome a przez to obce zrozumieniu i nie objęte wolą. Głęboka demokracja, według A. Mindella, jest szczególnym *uczuciem wiary* w wewnętrzna ważność wszystkich aspektów każdego

[181] Arnold Mindell urodził się w 1940 r. w Nowym Jorku. Jest światowej sławy psychoterapeutą. Ukończył fizykę w MIT, zrobił doktorat z psychologii i uzyskał dyplom analityka w Instytucie C. G. Junga w Zurichu. Jest przewodniczącym Research Society for Process Oriented Psychology utworzonego w 1980 w Zurychu oraz współzałożycielem Deep Democracy Institute w Portland. Autor 19 publikacji przetłumaczonych na 20 języków, które poświęcone są zarówno terapii indywidualnej oraz grupowej. Jako konsultant i terapeuta pracował ze skonfliktowanymi społecznościami na całym świecie. Swoją działalność prowadzi wspólnie z żoną Amy Mindell.

[182] mam tu na myśli różne formy czci oddawane przywódcom oraz atrybuty panowania, którymi się oni otaczają, i jakimi są otaczani.

[183] Empatię najkrócej można zdefiniować jako współodczuwanie, które umożliwia rozumienie emocji, potrzeb i oczekiwań innych osób.

[184] Mindell A., Lider mistrzem sztuki walki, Wyd. MEDIUM, Warszawa 1992, s.12.

człowieka i wszystkich punktów widzenia reprezentowanych przez różnych ludzi[185]. Ta zdolność odczuwania może być zarówno wynikiem psychicznego rozwoju, jak może być po prostu dana jednostce podobnie jak na przykład uzdolnienia duchowe czy matematyczne. Głęboka demokracja, nie jest więc techniką, której zastosowanie przyniesie oczekiwane rezultaty dzięki włączeniu wszystkich do władzy, poprzez proste zastosowanie formalnych procedur. A. Mindell utrzymuje, że aby głęboka demokracja stała się faktem, konieczny jest niezbędny poziom rozwoju wewnętrznego, bo to nie formalne procedury przede wszystkim, ale *współczujący rozum,* mają stać na straży takiego społecznego ładu. Ustanowienie, bowiem, prawa równego dla wszystkich nie powoduje automatycznie że wszyscy realnie są tak samo traktowani. Nie mówiąc już o tym, że w skali globalnej droga do równości ludzi jest jeszcze bardzo daleka……..

Terminy różnicujące doświadczenia człowieka na zewnętrzne i wewnętrzne, indywidualne oraz zbiorowe mają, według A. Mindella, charakter umowny, pozbawiony znaczenia absolutnego. Wynika to faktu, że materia w równej mierze określa nasze istnienie jak idee, na przykład: „ja", „my", „moje", „twoje", to pewne wyobrażenia, wynikające z procesów myślenia oraz uczuć[186]. Realnie też, nie do uchwycenia są granice jednostki, skoro w obszar każdego indywiduum wchodzą identyfikacje z różnymi kategoriami społecznymi: rasowymi, religijnymi, ideowymi, zawodowymi, wiekowymi. „Oni" stale obecni są w „ja", podobnie jak powszechnie panujący w danym czasie i kulturze światopogląd, system wartości czy stereotypy.

Dlatego, według A. Mindella, *praca ze światem* mająca na celu jego głęboką demokratyzację, musi się rozpocząć przede wszystkim od wnętrza człowieka, wtedy zmieni on, stosownie do potrzeb swojego poziomu świadomości, ład zewnętrzny. Praca nad świadomością to podstawa procesu demokratyzacji, gdyż tu zaczyna się odpowiedzialność i zdolność do wprowadzania rozumnych zmian, które będą uwzględniać realne potencjały ludzkie obecne w ciele, intuicji, snach a także w uczuciach takich jak miłość, uprzedzenia, fascynacje oraz popędach zarówno seksualnych jak i agresywnych. Wykorzystane i przeformułowane mogą zostać również potencjały zakodowane w zbiorowych mitach, ideach, fantazjach, w potrzebach ekscytacji wynikających z walki i odpoczynku oraz współdziałania [cykle wojny i pokoju].

A. Mindell podkreśla, że życie zbiorowe dynamizowane jest przez ciągłe procesy polaryzacji przekonań oraz ról w obrębie pola społecznego. Dlatego w obszarze społecznym leży mnóstwo pól ustrukturyzowanych przez napięcia występujące pomiędzy różnorakimi grupami: mniejszościowymi i większościowymi, posiadającymi pieniądze i wpływy i tymi, które tego są pozbawione, kobietami i mężczyznami, bogaczami i bezdomnymi, policjantami i handlarzami narkotyków, konkurującymi ze sobą liderami i partiami politycznymi, ugrupowaniami religijnymi, etnicznymi itd. A. Mindell twierdzi, że polaryzacje te maja charakter celowy, gdyż natura jest celowa w swej aktywności, gdyż ludzkie poczynania, które na pierwszy rzut oka wydaja się przypadkowe i chaotyczne, zawsze

[185] tamże, s.11.
[186] tamże, s.26.

rozwijają się w sposób znaczący, zgodnie z uporządkowanymi, początkowo trudnymi do odczytania wzorcami. Głównym pojęciem, jakie stoi za wszelkim zastosowaniem mindellowskiej pracy z procesem jest pojecie natury sprawiającej, że przepływ wydarzeń, również tych bolesnych i trudnych jak wojny, rewolucje, przemoc, psychoza, nienawiść czy choroba mogą okazać się korzystny o ile będziemy za nim podążać w sposób współodczuwający i świadomy. Wówczas tylko zachowujemy twórczy i wolny stan umysłu, który gotowy jest ewoluować wraz ze zmieniającymi się sytuacjami. Podejście transpersonalne nakierowane jest na czynienie nieświadomego świadomym w celu osiągania optimum ludzkich możliwości, aby to osiągnąć musimy być świadomi tego w co wierzymy, jak się zachowujemy, oraz w jaki sposób komunikujemy się na poziomie interpersonalnym

Głęboka demokracja polega na tym, że zdolni jesteśmy do odczuwania, że świat jest całością i że każdy ma szansę by w pełni stać się sobą dzięki czemu jako gatunek osiągniemy stan zjednoczenia. Naszym zadaniem, według A. Mindella, jest stworzenie warunków realizacji tego celu. Nie ma wykluczonych z tego procesu bo uczestniczą w nim wszyscy. Istnieją tylko wykluczani ze świadomości społecznej a wraz z tym wykluczane jest ich znaczenie i wkład w proces zbiorowy. Usunięcie lub stłumienie roli wykluczonych jest zaś równoznaczne z tym, że to niedostrzeżone, wyparte części wydobywają się na jaw życia publicznego w aktach rewolucji o charakterze klasowym czy seksualnym albo w buntach mniejszości, atakach terrorystycznych itp. Długo wypierane ze świadomości społecznej potrzeby i emocje, wybuchają w końcu z siłą proporcjonalną do energii jaka została włożona w ich tłumienie.

Według A. Mindella, *lider to rola, w której żadna jednostka nie zamyka się w całości*. Twierdzi on, że zrozumienie tego, jest jedna z najważniejszych metaumiejetności wiążących się z przewodzeniem, ponieważ pozwala ona każdemu na płynność i wielostronność zarówno w roli lidera jak i sojusznika[187]. Twierdzi on dalej, że przebieg wydarzeń do których dochodzi na całym świecie, zależny jest od świadomości przywódcy ale w jeszcze większej mierze od świadomości grupowej i globalnego układu ról społecznych i polaryzacji ideowych. Najlepsi przywódcy mogą być w odpowiedzialni za towarzyszenie i wspieranie świadomości grupy oraz za pomaganie jej w przekształceniu ewoluującego pola układu ról i przekonań, zachodzących wydarzeń. Dobry lider musi zdawać sobie sprawę z tego, że jest nieważny i małoznaczący dla całościowego rozwoju grupy. Jeżeli uważa siebie za centralny punkt organizacji wówczas okrada grupę z jej własnego rozwoju. Dobry lider, według A. Mindella, zdaje sobie sprawę z tego, że jego pozycja w polu społecznym jest po prostu jedną z ról. Znaczy to, że jest ona tworem, obrazem i uczuciem reprezentującym pole grupy, ale tylko czasowo zbiega się z jednostkowa psychologią osoby wspomagającej szerszy proces społeczny. Lider powinien być świadomy, że pozycja przywódcy ma dla niego przejściowy charakter, podobnie jak inne role społeczne, które wykonuje. A. Mindell, zauważa ciekawie, że: „albo lękamy się przyjąć role przywódcy, bo sądzimy, że nie jesteśmy do niej dostatecznie przygotowani albo pociąga

---

[187] tamże, s. 67.

nas jego rola, ze względu na związana z nią władzę"[188] Władza nie może być jednak związana bezwzględnie z osobą zajmująca pozycję lidera, bo wtedy mylimy władzę i moc osobistą z siłami pola społecznego tworzącymi przestrzeń dla roli przywódcy. W tym ujęciu *osoba zajmująca pozycję lidera, może być jedynie osobą przez którą przepływają procesy, nie może ich tworzyć.*[189]

Podobnie jak S. Freud, C.G. Jung czy E. Edinger, A. Mindell twierdzi, że grupa nie toleruje w roli przywódców ludzi, którzy wykazują jakiekolwiek inne cechy niż te, które zakłada archetyp lidera. Pisze on „wymagamy od naszych przywódców, aby byli wytrawnymi politykami i wróżbitami, potężnymi i kochającymi zarazem. Domagamy się od nich całkowitej doskonałości."[190]

Psychologia zorientowana na proces nie zaleca organizacjom określonych stanów, struktur czy faz wzrostu, ponieważ sukces jakiejkolwiek grupy lub przedsiębiorstwa zależy od wrażliwości i świadomości każdego z jej członków. Wszystko co się dzieje w obrębie danego pola społecznego jest użyteczne i potrzebne ludziom, którzy je tworzą, nawet jeżeli jest to chaos i stagnacja, to w równej mierze jak wzrost i harmonia pozwalają zaangażowanym w nie osobom wykształcić w sobie więcej świadomości i umiejętności poprzez to, że w tych stanach i sytuacjach działają. *Najistotniejsza jest świadomość tego co się dzieje*, gdyż pozwala ona docenić nam wartość wszystkich etapów rozwoju, wydarzającego się procesu. Dlatego właśnie naciski na stworzenie jakiegoś ostatecznego rozwiązania tracą swą bezwzględna wartość. Przywiązanie do jakiegoś jednego stanu rzeczy, na przykład pokoju, powoduje stłumienie jakichś innych stanów, na przykład agresji. Dopiero rozumienie rzeczywistości w sposób dynamiczny, otwiera nas na zdolność dostrzegania wszystkich jej aspektów, co jest równoznaczne ze zdolnością do *świadomej obecności.* A. Mindell podkreśla, *że: „Świadomość, jest tą siłą, która daje nam nieustanny dostęp do swych nowych stanów i do nienarodzonych jeszcze części nas samych i świata"* [191]

Z punktu widzenia psychologii zorientowanej na proces praca ze światem, to praca z polaryzacjami. Tłumienie i ignorowanie popędu do tyranii i panowania nad innymi w systemie demokratycznym może być niebezpieczne dla samej demokracji. A. Mindell, pracując z konfliktami grupowymi na całym świecie, doszedł do wniosku, że tyrania, władza i furia muszą być świadomie przekształcone, aby nie stały się wypartym cieniem demokracji, który sprawia, że tak łatwo systemy oparte na woli większości regresją się do autokratycznie i totalitarnie zarządzanych form organizacji społecznych. To właśnie dobry przywódca powinien ułatwiać przebieg procesów zachodzących w systemie i umożliwić tyranii oraz demokracji poznanie się i czerpanie wzajemnych korzyści z siebie nawzajem, powinien również nie dopuszczać do przeskakiwania z jednej pozycji do drugiej. Świadomość oznacza świadome wykorzystanie siły a nie powstrzymywanie jej. Jeśli jedynie przeskakujemy z tyranii do demokracji wtedy siła i władza staja się nieświadome i powracają siejąc spustoszenie. Dlatego, z punktu widzenia psychologii zorientowanej na proces, to *nie zmiana ma*

---

[188] Tamże.
[189] tamże, s. 85 – 86.
[190] tamze, s..82.
[191] tamże, s. 96 – 97.

zasadnicze znaczenie, ale świadomość zmiany, świadomość tego co się dzieje ze starymi częściami w toku zachodzących przemian a rola lidera polega na akuszerowaniu takim cyklom przemiany. [192]

Współuczestnictwo wszystkich, z tej perspektywy, możliwe jest tylko dzięki powszechnej świadomości, która związana jest nierozdzielnie z *empatycznym współodczuwaniem* Jednym z najlepszych sposobów osiągnięcia tego, aby ludzie byli twórczy i zadowoleni jest włączenie ich do organizacji i wykorzystanie indywidualnej świadomości każdego z nich, na rzecz realizowania wspólnego projektu. Warunkiem autentycznej realizacji tego celu jest polityczna decentralizacja systemu, bo dopiero wówczas dobro każdego człowieka stałoby przed interesem instytucji, do której jest on przypisany. Oczywiście trudno nam sobie obecnie wyobrazić organizację życia społecznego bez udziału takich form zarządzania i kontroli jak państwo czy korporacja, ale pomimo, że twory te wrosły w naszą mentalność i tożsamość, nie stanowią one warunku koniecznego funkcjonowania ludzi. Rodzina, klan czy gmina i dobrzy przywódcy mogą zstąpić jednostce instytucję państwową, ale ta ostatnia nie może, zastąpić tych naturalnych form wspólnotowych.

W swojej koncepcji *przywództwa według zasad,* S. Covey[193], opowiada się wyraźnie *za zmianą paradygmatu w kategoriach nieprzerwanego przechodzenia od zewnętrznego dialogu do samokontroli lub wewnętrznego zaangażowania.*[194] Kluczem do usamodzielnienia się ludzi, jest według niego, stworzenie przez przywódców takich stosunków międzyludzkich oraz takich warunków realizacji zadań, które zmotywują ich do samokontroli i jednocześnie do realizacji celu. Staje się to możliwe wówczas gdy, po pierwsze, cel ten jest zgodny z przekonaniami i poczuciem sensu tych, którzy go realizują, po drugie gdy mają oni bezpośredni wpływ na sposób w jaki zostanie ten cel osiągnięty i po trzecie, gdy są nagradzani proporcjonalnie do zaangażowania, realizacja celu ma bowiem wzbogacić wszystkich a nie tylko przywódców. S. Covey, aby związać tę zasadę z realnością dnia codziennego, podaje przykład sytuacji, gdzie przywódca stoi na wzgórzu wraz ze swoimi ludźmi, pokazuje im w dole rozległą, piękną dolinę i powiada: „Doceniam to, co zrobiliście dla mnie, i chciałbym byście wiedzieli, że jeżeli nadal będziecie tak pełni poświęcenia i pracowici, pewnego dnia to wszystko będzie moje".[195]

....w drodze do przywództwa zorientowanego na wspólnotę ludzką....

Demokratyzacja przywództwa jest warunkiem podstawowym budowania nie tylko dobrobytu, ale również *społeczeństwa dobrostanu.* Cel ten może być zrealizowany pod warunkiem, że będzie ktoś kto wysłucha wszystkich i właściwie zinterpretuje oczekiwania, obawy i możliwości ludzi współdziałających razem albo skupi rozproszone i zdezorientowane jednostki wokół misji, która zaktywizuje niewykorzystane dotąd potencjały społeczne. Taką osobą jest właśnie przytomny, bo świadomie otwarty na innych, przywódca. Ta przytomność kierującego ludzkim potencjałem lidera,

---

[192] tamże, s.19.
[193] Covey Stephen R., Zasady skutecznego przywództwa, Wyd. REBIS, Poznań 2004
[194] tamże, s.297.
[195] tamże, s.313.

bazuje na konieczności traktowania człowieka podmiotowo. Kunszt przywódczy polega na umiejętności wydobywania i uaktywniania kreatywnych zdolności ludzi. Jeżeli lider bazuje na zewnętrznej strukturze systemu, za którą skrywa swój lęk i brak pomysłów na twórcze kierowanie, wówczas musi sprowadzić ludzi do roli narzędzia, przymuszając ich „metodą kija i marchewki" do realizacji narzuconych odgórnie celów i sposobów w jaki maja zostać one wykonane. Jeżeli ten sposób kierowania stosowany jest w jakiejś zbiorowości przez dłuższy okres czasu, na przykład, przez kilka pokoleń, to pojawia się efekt „homo sovieticus"[196]. Ten typ człowieka nie tylko nie szuka dla siebie obszarów kreatywnej samorealizacji, ale szczerze się ich boi, gdyż spójność i bezpieczeństwo społeczeństwa „homo sovieticus" wyrosła na „czystkach" klasowych i etnicznych, opartych na wzorcu porządkującym, wyrażonym w idei „jedna partia jeden wódz" a reszta pod nóż. Wykluczając z pola życia publicznego różnorodności, osiągnięto totalności władzy opartej na bezsile człowieka. Nowy paradygmat przywództwa [Covey, Goleman i in.] opiera się na **wykorzystaniu indywidualnych potencjałów dla dobra ogółu.** Według S. Covey'a dobry przywódca odchodzi od roli rozkazodawcy wydającego polecenia i przekształca się w konsultanta i doradcę, zamiast podejmować decyzje za innych, wyjaśnia wartości i daje im przykład. Wraz ze spełnieniem tych warunków dokonuje się przejście od konfrontacji do dialogu empatycznego, od współzawodnictwa z otoczeniem opartego na zasadzie wygrana – przegrana do nawiązywania współpracy, której celem staje się wspólna korzyści [wygrana – wygrana].

Transgresja idei oraz funkcji przywództwa, idzie więc od nadzoru zewnętrznego do samokontroli. Staje się to możliwe gdyż ludzie wykonują z zaangażowaniem i pełną współodpowiedzialnością zadania podjęte na zasadzie współuczestnictwa w procesie decyzyjnym.[197] Jest to psychologicznie realne, gdyż czujemy się odpowiedzialni za realizację decyzji, na jakie mamy wpływ aby uniknąć przykrego uczucia dysonansu, które pojawia się gdy postępowanie jednostki nie jest zgodne z deklaracjami i wartościami z jakimi się ona identyfikuje, i które stanowią integralną część jej tożsamości.[198] Wystarczająco dobre wykorzystanie potencjału ludzkiego wymaga przywództwa, które nastawione jest na autentyczne, a nie tylko pozorne, zainteresowanie ludźmi aby cel ten osiągnąć przywódca powinien otworzyć w obrębie społeczeństwa szeroka przestrzeń współuczestnictwa. *Realne a nie tylko deklaratywne, lub zredukowane do procedur formalnych współuczestnictwo, z konieczności bazuje na wzajemnym zaufaniu i wspólnych dążeniach,* stąd właśnie wynika istotne znaczenie roli tego, który scala świadomość społeczną. Koncepcję przywództwa zorientowanego na podmiotowe kierowanie ludźmi rozwija D, Goleman, R. Boyatzis, A. McKee[199]. Twierdzą oni, że to przede wszystkim *inteligencja emocjonalna* decyduje o zdolności człowieka do posługiwania się przynależną mu mocą sprawczą. Bazowym potencjałem dobrego przywódcy jest,

---

[196] Tischner J., Nieszczęsny dar wolności, Społeczny Instytut Wydawniczy Znak, Kraków, 2000.
[197] Covey S.R., Zasady skutecznego przywództwa, Wyd. REBIS, Poznań 2004, R.28,9,30.
[198] Wnioskowanie to oparte jest na E. Aronsona teorii dysonansu poznawczego.
[199] Teoria naturalnego przywództwa, które ugruntowane jest w inteligencji emocjonalnej w: Goleman D. Boyatzis R., McKee A., Naturalne przywództwo, Wyd. Jacek Santorski, Wrocław – Warszawa, 2002.

według nich *samoświadomość*[200], *empatia* i *samokontrola* [zwłaszcza impulsywności]. Rozumne kierowanie własnymi emocjami otwiera jednostce drogę do kierowania innymi, gdyż dopiero wtedy przywódca ma szanse osiągnąć rzeczywisty rezonans, czyli synchroniczność wibracji emocjonalnych, pomiędzy nim a grupą. Badania z dziedziny neurofizjologii, przeprowadzone przez D. Golemana, R. Boyatzis, A. McKee, dowodzą, że na skutek występowania efektu otwartej pętli układu limbicznego[201], dobry nastój lidera wpływa bezpośrednio na samopoczucie ludzi, dzięki czemu tworzy on z nich i z nimi współzależny i w tym sensie zjednoczony organizm społeczny, którego jest głową, myślącą zgodnie z rytmem bicia serc wszystkich.[202] Przywódca jednoczy więc grupę w wymiarze emocjonalnym, bo potrafi dostroić się do wspólnej emocjonalnej rzeczywistości i znaleźć sposób jej wyrażania.

Rozumienie znaczenia przywódcy kieruje nasza uwagę w stronę *roli służebnej* jaką spełnia on wobec innych. Jest to rola asekuranta, polegająca na wydobywaniu potencjałów społecznych poprzez tworzenie i podtrzymywanie pola relacji, w obrębie którego wszyscy obecni mogą wyrazić swoje emocje, potrzeby oraz umiejętności, i to zarówno te twórcze jak i niszczycielskie. Wtedy dopiero współistniejąca razem zbiorowość rozpoznaje swój realny obraz niezakryty fasadą wypartych lęków i codziennych rytuałów. Ten proces ujawniania nieznanych i stłumionych potencjałów grupy staje się realnie możliwy gdy znajdzie się ktoś, kto będzie umiał nadać kierunek tym nowowyzwolonym żywiołom psychicznym. Używając metafory zapożyczonej z teorii klainowskiej, przywódca powinien być wystarczająco dobrą matką, która potrafi skontenerować, czyli pomieścić w sobie wszystkie emocje członków grupy i dalej baczyć nad rozwojem procesu grupowego tak, aby ten nie tracił ani na dynamice ani na racjonalności. Sztuka to niełatwa. Każdy kto miał okazję pełnić funkcje przywódczą wie, jak trudno jest utrzymać grupę, gdy pojawiają się silne emocje i nowe żądania, gdy opadają maski i ukazują się twarze.

---

[200] Samoświadomość w tym ujęciu, oznacza mówiąc najprościej, „głębokie zrozumienie własnych emocji, a również własnych zdolności i ograniczeń, wyznawanych wartości i motywów działania. Ludzie o wysokiej samoświadomości są nastawieni realistycznie – nie są ani nadmiernie samokrytyczni, ani naiwnie optymistyczni; są raczej uczciwi wobec samych siebie. Nie udają także wobec innych kogoś, kim nie są; są szczerzy do tego stopnia, że potrafią śmiać się z własnych słabości. Samoświadomi liderzy rozumieją również swoje wartości, cele, marzenia. Wiedzą, dokąd zmierzają i dlaczego. [...]" tamże, s. 58.

[201] Otwarta pętla układu limbicznego jest w ten sposób aktywna w relacjach interpersonalnych, że informuje nas na bieżąco o reakcjach drugiej osoby. Dzieje się tak, bowiem ciało migdałowate i powiązane z nim obwody utrzymują synchronizację między nami i partnerem, odgrywając w ten sposób rolę głównej stacji przekaźnikowej w otwartej interpersonalnej pętli emocjonalnej. Obwody te dostrajają również procesy fizjologiczne do dominującego rejestru uczuć partnera, tak, ze nasze stany emocjonalne staja się coraz bardziej zbliżone. Jest w skrócie mówiąc wzajemne dostosowanie emocjonalne osób będących w kontakcie, które „odbierają na tej samej fali" za: tamże, s. 67.

[202] Satysfakcja emocjonalna zaś wpływa bezpośrednio ich zaangażowanie w wykonywane zadania i jakość ich realizacji. Badania, na które powołuje się D. Goleman, R. Boyatzis, A. McKee, wykazują, ze istnieje bezpośrednia dodatnia relacja pomiędzy dochodami firmy a atmosfera w pracy. Za to, jak pracownicy spostrzegają atmosferę w pracy w 50% do 70% odpowiada szef. Potęgując dobry nastrój i unikając niepotrzebnego denerwowania ludzi, przywódca nie pochłania energii emocjonalnej grupy ustanawiając dodatni tonus jej psychologicznego funkcjonowania, tamże, s 35.

Istotnym warunkiem przejścia od przywództwa opartego na kontrolowaniu społeczeństwa przez jednostki, które jest prostą kontynuacją relacji rodzice – dzieci, do społeczeństwa partnerskiego dialogu ludzi dorosłych, zdaje się być wykształcenie gęstej sieci przywódców – asekurantów, którzy *zdolni byliby do wchodzenia w relacje współzależności* z innymi. Dopiero wówczas, bowiem, pojawia się pomiędzy ludźmi partnerstwo oraz równość, a co za tym idzie otwartość na to co nieprzewidywalne i kreatywne w drugim człowieku. Budowanie takich więzi wymaga jednak głębokiego poczucia zaufania do siebie oraz do innych, wynikającego z dojrzałości psychicznej, która ugruntowana jest w stabilnym i pozytywnym poczuciu własnej wartości lidera. Bez zaufania przywództwo degeneruje się do różnych form kontroli, a osoba przywódcy przekształca się w funkcjonariusza systemu lub tyrana. Arystoteles powiedział kiedyś, że: „W naturze istnieje zasada przywództwa i kierowania, jak również spójności społecznej, opartej na sprawiedliwości i sprawności działania. Nie ma natomiast przyrodzonej zasady jednowładztwa czy innej zakładającej zwyrodnienie"[203] W świetle powyższych rozważań dochodzimy do wniosku, że przywództwo w swej istocie służy usamodzielnieniu się ludzi. Ze zwyrodnieniem mamy zaś do czynienia gdy silne jednostki generują słabość i uzależnienie tych, którzy za nimi podążają, bo nie potrafią dostrzec i wykorzystać własnych potencjałów.

Wzajemna empatia łączy ludzi pewniejszym spoiwem niż jakikolwiek wspólny interes czy pakt polityczny. Problem polega na tym, że duży udział w kształtowaniu się wspólnot społecznych odgrywa lęk o cechach paranoidalnych [Freud, Klain, Jung, Bion, Vamic, Post, Robins, Stephans]. Kategoria społeczna „my" zwykle nieodłącznie wiąże się z kategorią „oni". „My" zataczamy swoją granicę, za którą znajdują się „oni" – których trzeba się strzec, i z którymi trzeba walczyć. Lęk przed „nimi" spaja grupę i kieruje agresje z przestrzeni wewnątrzjednostkowej na zewnątrz. Przywódcy wcielają się w rolę głosicieli racji tak podzielonego obrazu ludzkiego rodzaju, dlatego stan pokoju jest ciągle zagrożony a wojna w każdej chwili prawdopodobna, niczym śmierć, która wisi w powietrzu i nigdy nie wiadomo kiedy przyjdzie. O pokój musimy zabiegać, podtrzymywać go i chronić skomplikowanymi paktami i ustawami, wojna zaś pojawia się z najwyższą łatwością, gdyż nigdy nie ustaje w nieświadomej sferze psychiki ludzkiej. Ten stan gotowości do konfliktu i odpierania ataku spaja ludzi jako sojuszników w walce, a na głębszym poziomie psychicznym czyni ofiarę i kata w dopełniającą się jednością przeciwieństw[204]. Stąd też o polityce decydują zwykle przywódcy biegli w sztuce konfrontacji. Dużo rzadziej pojawiają się takie postacie, które potrafią zespolić zbiorowości wokół celów przekraczających wąskie granice ich etnicznej, religijnej czy klasowej przynależności. Teoretycznie zadanie to wydaje się prostsze od rozszczepienia atomu, a jednak bliżsi jesteśmy globalnej zagładzie nuklearnej niż pokojowemu współistnieniu. Czy pojawią się kiedyś przywódcy będący w mocy stworzyć politykę zorientowana na wspólnotę ludzką?...

---

[203] http://www.mat-fencing.com/Akademia6.html.
[204] Grof S., Poza mózg, Wydawnictwo A, Kraków 1999, rozdz. 4

PRZEPŁYW ENERGII PSYCHICZNEJ POMIĘDZY SFERĄ PUBLICZNĄ A DOŚWIADCZENIEM INDYWIDUALNYM. Rozważania oparte na koncepcjach A. Samuelsa[205]

Na ile jednostka jako obywatel autentycznie wyraża siebie poprzez uczestnictwo w życiu publicznym, w polityce, i czy daje jej to poczucie bezpieczeństwa jakie może wynikać z bycia razem we wspólnocie? Na ile w sferze publicznej jednostka „odnajduje siebie u się siebie" a nie tylko odnajduje „siebie dla nich" - polityków, urzędników i innych reprezentantów publicznego interesu - którego znaczenie, jakże często bywa nieuchwytne, w kulturze zrównującej dobrobyt z dobrostanem. W jaki sposób to co wspólne odpowiada na potrzeby i roszczenia tego co prywatne, subiektywne a przecież nieustannie obecne? Czy jesteśmy obywatelami, czy tylko tworzymy systemy obywatelskich instytucji i praw, przez które nie płynie jednak żywa ludzka krew, a tylko megabajty danych o rozdysponowaniu środków na kolejne inwestycje, innowacje, integracje... Właśnie problem integracji – ale wokół jakiego sensu? Wokół jakich symboli i znaczeń, które rzeczywiście ożywiają wyobraźnie współczesnych i porywają za sobą ludzi, tak jak działo się to choćby w dobie rozkwitu chrześcijaństwa w Europie średniowiecznej? Co nas obecnie łączy, poza dążeniem do dobrobytu i niepewnego poczucia bezpieczeństwa, które z takiego zakorzenienia w świecie wyrasta?

Dzisiaj politycy nader często budzą w nas poczucie braku zaufania i nadziei, bowiem nie proponują oni tak naprawdę jakieś szerszej wizji ładu społecznego oraz misji wyrażającej wspólny cel ważny dla wszystkich, a dotyczący czegoś dalej i więcej niż tylko pragmatycznych rozwiązań bieżących problemów. Cel taki natomiast, zdaje się być podstawowym warunkiem kształtowania się społeczeństwa ludzi zjednoczonych w byciu razem. Bycie „razem" jest zawsze byciem wokół czegoś, co usadowione w centrum, skupia na sobie uwagę i przyciąga wszystkich oraz działa na wyobraźnie i pobudza aktywność. Nędza wszakże nie zawsze pojawia się jako następstwo braku zaspokojenia potrzeb fizycznych. Niemożność wyrażenia siebie i odnalezienia siebie w innych wymiarach egzystencji niż materialny, także prowadzi do nędzy i trudnego do zniesienia poczucia głodu, tyle że nie jest to głód obecny w trzewiach ale raczej w duszy, a takie niezaspokojenie również stać się może przyczyną upadku człowieka.

Kwestią kluczową w kontekście powyższych rozważań jest ciągłe przenikanie tego, co wewnątrzjednostkowe i subiektywne i co znajduje swój bezpośredni wyraz w prywatności, ku temu co interobiektywnie ustalane i kształtowane wspólnie dla wszystkich, a czego wyrazem jest sfera publiczna. Dlatego właśnie istotnego znaczenia nabiera tu kwestia dynamiki przepływu energii psychicznej oraz informacji pomiędzy wewnętrzną rzeczywistością człowieka a światem

---

[205] A. Samuels, Profesor analitycznej psychologii University of Essex i innych, analityk treningowy Society of Analitycal Psychology and Scientific Associate of American Academy of Psychoanalisis, psychoterapeuta i międzynarodowy konsultant polityczny. Autor licznych publikacji poświęconych psychologii jungowskiej i jej społeczno – politycznym implikacjom: The Political Psyche, Politics on the Couch i in.

zewnętrznym, ze szczególnym uwzględnieniem polityki, bo poprzez sieć wyrobionych przez nią kanałów następuje przepływ sił społecznych, inaczej mówiąc – rozdysponowanie mocy. Politykę można porównać do splotu naczyń krwionośnych, które przewodzą siłę aktywności ludzkiej, a ta niczym krew właśnie odżywia poszczególne elementy organizmu społecznego. Tam gdzie naczynia te nie dochodzą albo są zepsute ciało, również kolektywne, rozkłada się. Porównanie takie mówi także o tym, że polityka nie jest celem samym w sobie, ale jedynie sposobem i sposobnością na rozdysponowanie mocy i utrzymanie zdrowia organizmu i każdej jego komórki.

Jakie wymiary subiektywności czekają ciągle na ujawnienie i omówienie ich we wspólnym dialogu? Inaczej, jakie elementy organizmu są słabo ożywiane albo pomijane i przez to skazane na zepsucie, a co sprawia iż zdrowie całości podupada? A. Samuels wskazuje w tym miejscu na objęte tabu, często świadomie nie reflektowane doświadczenia z dzieciństwa, intymne relacje między nami [w domu i poza nim], które raczej są wartościowane niż rozumiane. Większej uważności i świadomej wspólnej refleksji domaga się również życie symboliczne dostępne w fantazjach i marzeniach sennych, podobnie jak odczucia cielesne i seksualne, które towarzyszą nam wówczas gdy spotykamy się z innymi lub gdy zostajemy sami. Nie mniej niedomówień stale jest wokół wzorców relacji w rodzinie, między płciami czy na temat związku pomiędzy zamożnością a zdrowiem [zwłaszcza mentalnym]. Płeć, seksualność i jej zróżnicowane przejawy i dążenia, rodzicielstwo zwłaszcza w rodzinach niepełnych, zastępczych, model wychowania dzieci – ku czemu? Bieda i nędza, z którymi stale zmaga się ponad połowa ludzkości, (około trzy miliardy osób!) – oto dziedziny, w których skrywa się potężny ludzki potencjał, czekający na publiczna debatę, a który może wnieść nową energię w życie publiczne i przyczynić się do transformacji polityki na skalę globalną.

Od lat '90 zainteresowanie w eksplorowaniu granic pomiędzy psychoterapią i polityką niezwykle wzrosło. Autoekspresja i samorozwój jako perspektywa wglądu wewnętrznego wykorzystywana w psychoterapii oraz polityczna aktywność, postrzegane zostają jako dziedziny spełniające podobne funkcje. Ekspresja siebie może prowadzić bowiem do politycznego zaangażowania a polityczne zaangażowanie może być częścią obywatelskiej ekspresji. Czyjś osobisty sprzeciw wobec głodowania ludzi czy nadużyć wobec nieletnich może bowiem przybrać konkretny polityczny format, bo działa tu ta sama psychiczna energia, pobudzana poprzez konflikt wewnętrzny[206].

Aby przemienić i poszerzyć pole doświadczania potencjału ludzkiego w kierunku wymiarów, które do tej pory nie zostały jeszcze wydobyte, konieczne zdaje się być uczynienie polityki sferą, w obrębie której zostaną ponownie zreinterpretowane wartości, cele i metody realizacji potrzeb człowieka, uwzględniające tak nieobecne w tym obszarze zjawiska jak opiekuńczość, wrażliwość, przyzwoitość, empatia czy dbałość o szeroko pojętą estetykę oraz duchowość. A. Samuels dodaje, że nawet fundamentalistyczne ruchy religijne również mogą być widziane jako specyficzna forma

[206] A. Samuels, Politics On The Couch. Citizenship and the Internal Life, Profile Books Ltd, London 2001, s. 16.

odnowienia polityki. Przez to bowiem, że stanowią one zarówno poznawcze jak i emocjonalne wyzwanie dla zeświecczonych społeczeństw Zachodu, wprowadzają dynamiczne napięcie w obszar polityki i zmuszają do powtórnych reinterpretacji wartości i stosunków międzyludzkich, wnosząc tym samym ogromną pule energii, którą można wykorzystać w celu przeprowadzenia reform[207]. Ta specyficzna resakralizacja polityki może stać się uzdrawiającym uzupełnieniem gwałtownie zmniejszającej się identyfikacji obywateli z ortodoksyjnymi instytucjami politycznymi. Generalnie niski poziom aktywności wyborczej, wskazuje na to, że niedostatek zaufania do formalnych instytucji reprezentujących władzę, i to doprawdy w różnych państwach.

Przyjmując za C.G. Jungiem, że energia psychiczna nie jest jedynie ekspresją seksualności, ale przepływa ona przez kanały o charakterze biologicznym, psychologicznym, duchowym czy moralnym, dochodzimy, według A. Samuelsa, do występowanie politycznego kanału energii[208]. Stąd możemy przychylić się do stanowiska tego autora, które zakłada, że głównym generatorem zaangażowania w obszarze polityki nie są już przede wszystkim organizacje o charakterze formalnym, ale żywe spontaniczne i horyzontalne międzyludzkie relacje. Rzeczywista polityczna energia odpływa bowiem z tradycyjnych organów reprezentujących władzę w społeczeństwie i przenika w obszary dotąd jej nieznane, aby się tam zredefiniować i znaleźć nowe miejsca do osiedlenia. Polityczna energia nie jest bowiem, tym samym co formalna polityczna władza. W latach '80 i '90 nastąpił wzrost poziomych sieci społecznych i kulturalnych oraz wzrosła też świadomość, że to co się w ramach tych sieci dzieje może zostać uznane za polityczne[209]. Szczególnymi przejawami tego procesu jest przejście do sfery publicznej różnych kategorii ludzi do tej pory wykluczonych, przeżywanych przez ogół jako niepełnoprawne mniejszości.

Tutaj musimy zastanowić się nad szczególna metodą kształtowania się kategorii „MY" w świadomości społecznej. Rozważając kwestie tożsamości, zauważmy bowiem, że do tej pory „MY" w wymiarze politycznym, zarezerwowane było przede wszystkim dla grupy ludzi sprawujących władze w sferze publicznej, dlatego odnosiło się generalnie do heteroseksualnych mężczyzn, dobrze sytuowanych ekonomicznie, w naszym obszarze kulturowym – białych. Pytanie co z resztą obywateli? Wszakże kobiety, kolorowi, bezdomni, więźniowie, niepełnosprawni, geje – również stanowią postacie, które są nośnikami treści społecznie znaczących. Ich pragnienia, sposób wyrażania się, możliwości i styl działania zawierają ogromny, niewykorzystywany do tej pory dostatecznie rezerwuar energii społecznej i politycznej, aczkolwiek różnej od tego co przyjęło się uznawać za właściwe i progresywne. Ludzie ci nie dysponują władzą popartą tradycją, natomiast ich doświadczenie i sposób przeżywania świata mogą wyznaczyć kierunek zmian politycznych, zauważa A. Samuels[210]. Wszakże trudno nie zgodzić się z założeniem, że tylko dzięki otwarciu nowych kanałów przepływu informacji i

---

207 A. Samuels, Politics On The Couch. Citizenship and the Internal Life, Profile Books Ltd, London 2001, s. 19
208 op.cit.
209 op.cit.
210 op.cit., s. 37.

energii psychicznej, społeczeństwo ma szanse na bardziej dojrzałe wykorzystanie potencjałów drzemiących we wszystkich.

Wypychanie większości członków społeczności poza centrum, na obrzeża albo na margines życia publicznego, stanowi ten sam mechanizm wyparcia, który spotykamy na poziomie jednostkowym, tyle że w tym wypadku mechanizm ów funkcjonuje kolektywnie. Otóż wyparcie takie powoduje, że to co niezrozumiałe, różne od „ja", niezdolne przebić się siłą do suwerenności, wstydliwe ze względu na to że unaocznia słabość, zdolną jednak do kreatywnego życia i trwania oraz niemożliwą do ostatecznego wykluczenia, zostaje ukryte i zamazane. Te obszary problemowe przetrzymywane są cieniu nieświadomego, i odmawia się im racji istnienia. Co pewien czas jednak, treści wyparte muszą znaleźć drogi dojścia do świadomości. Tak było z zepchniętym na margines życia politycznego stanem trzecim przed Wielką Rewolucją Francuską, proletariatem, kobietami, ludnością kolorową itp.

Transpersonalna koncepcja psychiki zakłada, że jesteśmy ze sobą połączeni i zestrojeni w swoistym społecznym eterze. Patrząc z tej perspektywy ludzie nigdy nie są od siebie oddzieleni w taki sposób jak to zaproponowane zostało w różnych nurtach ideologicznych, wynoszących do kategorii pierwszej indywidualizm. Dobrze stałoby się, gdyby zarówno politycy jak i obywatele wykazali więcej zainteresowania badaniem i wyjaśnianiem znaczenia tej preegzystującej jedności pomiędzy ludźmi, którą C. G. Jung nazywa kolektywną nieświadomością, zwłaszcza że powiązanie to pracuje na poziomie z psyche do psyche z pominięciem sfery werbalnej. W celu głębokiego rozeznania w jaki sposób rozwija się polityczne Self, musimy również przyjrzeć się historii życia ludzi - ich specyficznym doświadczeniom, które leżą u podstaw kreowania się mitów politycznych. Analizie trzeba więc poddać doświadczenia jednostek wyniesione z rodziny i klasy społecznej, grupy etnicznej, religijnej, tła narodowego, nie zapominając również o przełomowym pytaniu o emocje, życie symboliczne, i seksualność.

Specyficzne doświadczenia, które stają się naszym udziałem w dzieciństwie, tworzą wzorzec reakcji, w oparciu o które przeżywamy świat przez resztę życia, i ten tylko kto mierzył się z problemem świadomej przemiany tych pierwotnych wzorców wie jak trudno je przekształcić, bo organizują one rdzeń naszej osobowości - czyli są nami, i tylko dzięki najwyższym wysiłkom możemy się do nich zdystansować. Zdałoby się, że jest to problem prywatnej natury i wprowadzanie go do polityki, to przesadzona spekulacja. Jednak kiedy zastanowimy się nad tym głębiej, dostrzegamy, że cierpienia nie wyprowadzone z domu do szerokiej publicznej debaty, przejawią się życiu zbiorowym poprzez niereflektowane skłonności szerokich rzesz ludzi do zachowań lękowych i agresywnych o potężnym potencjale destrukcji, który domaga się swego wyrazu w konkretnych społecznych działaniach. Wynika to z tego, że destruktywność motywowana jest przez treści popędowe, które nigdy nie dotarły do świadomości jako problem do przepracowania, i oto wszystkim się wydaje, że tak musi być – i wtedy rzeczywiście musi... A. Samuels, zwraca uwagę, że osoby, które były gnębione przez domowego tyrana, mężczyznę albo kobietę czy w ogólności postrzegające członków rodziny jako gnębicieli, wprowadzają do sfery politycznej ostre poczucia niesprawiedliwości.[211] Zależnie od tego w jaki sposób skompensują sobie tę pierwotnie doznaną krzywdę, wejdą one w rolę oprawców albo ofiar, domagających się rewanżu na świecie, który je tak boleśnie zranił. Jeżeli tyrania uznana jest za godną akceptacji metodę wychowawczą, to zbieramy jej żniwo w stale napływających falach zbiorowej agresji i nietolerancji.

Inny problem, szczególnie dziś aktualny, o którym trzeba i warto mówić to rodzice nieobecni w domu, którzy nie mają czasu dla dzieci. Swoją postawą generują oni pokolenie ludzi, którzy czują się niepotrzebni ze względu na sam prosty fakt - że są tu oto. W tych okolicznościach, te „przeszkadzające dzieci" starają się konicznie udowodnić własną przydatność i wartość poprzez szczególne osiągnięcia, które powinny mieć miejsce jak najszybciej. Tak właśnie pojawia się kult młodzieńczej kariery za wszelką cenę, nawet za cenę nienawiści do siebie. Owe bolesne doświadczenia wyniesione z nieudanych kontaktów z postaciami rodzicielskimi, dają o sobie znać poprzez gwałtowny wzrost chorób takich jak anoreksja i bulimia a także wyraźne wzmożenie wśród ludzi młodych, skłonności autodestrukcyjnych, które przejawiają się w formie różnego typu uzależnień czy to od narkotyków i koputera, czy też od pracy lub seksu. Oczywiście nie jest to jedyna przyczyna tych zjawisk, niniejszym bardzo istotna. Stanowi też kolejny przykład nieuchronnego przenikania się sfery prywatnej, tej najbardziej intymnej ze sferą publiczną - otwartą, w której tworzy się metasens wspólnego bycia razem w jakimś celu. W jakim...?

Potencjał autentycznej liberalizacji a jednocześnie równości społecznej spoczywa, wg A. Samuelsa, w relacjach rodzinnych łączących siostry i braci.[212] Otóż jednostki funkcjonujące w tbratersko – siostrzanym układzie przechodzą naturalny trening szukania porozumienia na zasadach równości, tak pomiędzy sobą jak i w stosunku do autorytetu rodzicielskiego. Nie rywalizują oni bowiem o miłość tego samego rodzica, bo kompleks edypalny rozwiązują w oparciu o rodzica płci odmiennej, gdzie też zostaje przekierowana energia seksualna. Swoje ciała zaś mają szanse oswoić jako pokrewne sobie ciała osób płci przeciwnej. W ten sposób uczą się rozumieć innego mężczyznę lub kobietę jako kogoś bliskiego, nawet jeśli nie jest obiektem seksualnej fascynacji czy źródłem autorytetu. W sferze relacji społecznych doświadczenie takie jest bardzo korzystne, ponieważ generuje spontaniczne porozumienie między ludźmi, nie blokowane przesądami seksualnymi czy przywiązaniem do hierarchii w ustawianiu powiązań z innymi, sprzyja ono również próbom konstruowania egalitarnych organizacji politycznych, które mogą być dużo bardziej pobudzające do aktywnego zaangażowania, niż wówczas kiedy jednostka dołącza do ugrupowań opartych na systemie twardych autorytetów i hierarchicznego rozmieszczenia ról. Trzeba w tym miejscu dodać, że nie chodzi tu wyłącznie o poznawczy i behawioralny trening siostrzano – braterskich relacji, ale szerzej o przywołanie i rozbudzenie fantazji, symboli oraz idei, które pojawiają się zawsze gdy ludzie zaczynają kooperować ze sobą na poziomie wspólnoty równych, chociaż różnych. Dodać tu trzeba, że istotny

---

211 op.cit.
212 op.cit., s. 62.

wpływ na kształtowanie się obrazu więzi społecznych oraz mitów politycznych, mają także znaczące figury z poza rodziny: nauczyciele, duchowieństwo czy przyjaciele. Kluczowe zdarzenia polityczne jak na przykład Wietnam, zburzenie muru berlińskiego, jesień ludów, holokaust i temu podobne, również odgrywają tu ważną rolę.

W relacjach politycznych nie potrzeba już więcej energii nacisku i przymusu oraz wertykalnych struktur organizacyjnych. Tym czego w tych relacjach brakuje, jest umiejętność kształtowania sprawiedliwego partnerstwa, którego potencjał leży w budowaniu wzajemnego zaufania w ramach horyzontalnych sieci społecznych. Proces ten powinien się dokonywać równolegle w sferze prywatności i subiektywności poprzez szeroką debatę nad wartościami i normami, żłobiącymi nieznane dotąd wzorce w obrazie kultury. Nowy model wzajemnego zaufania powinien się opierać na akceptacji swobodnych działań w sferze publicznej tych grup ludzi, którzy do tej pory byli ograniczani w wyrażaniu siebie za sprawą, przyjętych umownie i utrwalonych w tradycji przesądów i reguł prawnych oraz zwyczajowych – jest to bardzo istotny wątek, jaki uchwytujemy w rozważaniach A. Samuelsa[213].

Jakkolwiek zaproponowany tu kierunek myślenia politycznego może budzić opór, to jedyną alternatywą w stosunku do tej drogi otwarcia przepływu energii politycznej poprzez wszystkich uczestników życia społecznego, jest wzrost autorytaryzmu i jałowe krążenie po kole od demokratyzacji do totalitaryzacji polityki. Od wolnych wyborów do wolnego wyboru niewoli - a wszystko to ramach jasno określonych prawem procedur demokratycznych. Hierarchiczny układ sił w rodzinie, gminie, państwie, w ramach globalnych struktur sprawia, że ta gra o więcej mocy – władzy może doprowadzić do tego, że stracą wszyscy.

Analizując powiązania pomiędzy światem rodziców i dzieci, A. Samuels zauważa, że odzwierciedlają one stosunki pomiędzy obywatelami i rządzącymi. Częsty jest bowiem scenariusz taki, że obywatel – dziecko występuje przeciwko rodzicielskiemu społeczeństwu. Pytanie jakie się tu pojawia brzmi: czy obywatel bez względu na płeć i wiek może pełnić role matki dla społeczeństwa w którym żyje? ***Usytuowanie obywatela w pozycji dziecka ma zwykle skrajnie niszczący wpływ na transformacje polityki.*** Psychoanalityczne badania nad wyłanianiem się źródeł władzy w społeczeństwie ukazują wiele zakrytych aspektów tego zjawiska. Musimy zacząć myśleć o obywatelu jak o dorosłym, a szczególnie jak o matce. Każdy obywatel potrafi bowiem przyjąć macierzyńską postawę w stosunku do problemów społecznych, zauważa A. Samuels[214]. Maternalistyczny punkt widzenia jest zwłaszcza cenny, ze względu na wrażliwość i powagę z jaką traktuje sprawy zdrowia i opieki, zarówno nad ludźmi jak i nad światem przyrody. Uwzględniając „wartości emocjonalne", podejście maternalistyczne ma szansę również wywrzeć wpływ na ekonomie, wskazuje bowiem na koszty jakie ponosimy w sferze uczuć jako na wartość, którą należałoby uwzględniać, określając cenę usług, towarów czy inwestycji. Subiektywne przeżycia jednostek, do których zaliczamy wczesne

---

[213] op.cit., s.62.
[214] op. cit.

traumy, zaburzone więzi w rodzinie czy cierpienia fizyczne, pogłębione zostają również niewiarygodnie przez takie wpływy zewnętrzne jak kryzysy ekonomiczne czy polityczne, zanieczyszczenie środowiska i nieobecność ideowych oraz religijnych symboli jedności w sferze publicznej. Dobrostan człowieka tworzy się więc z trudem i łatwo ulega zachwianiu, stąd wymaga uważnej, można by rzec macierzyńskiej troski. Troska ta, powinna stać się udziałem wszystkich.

Jest sprawą oczywistą, że podniesienie pragmatyzmu do wartości pierwszej w sferze polityki, umożliwiło zaniechanie wielu sporów o charakterze ideowym i religijnym. Rozwiązanie to uruchomiło w świadomości społecznej wzorzec kształtowania bezpieczeństwa, w oparciu o bogactwo materialne. Niestety, zabierając ludziom ich tradycje i wierzenia, pozostawia się im tylko nagi świat przedmiotów. Pożądanie wieczności i transcendencji zostaje zastąpione pożądaniem bieżących przyjemności i rozrywek. Popkultura nie potrafi zastąpić jednak religii, a przyjemność konsumpcji kontaktu z sacrum i wreszcie z własną przemijalnością i śmiercią. Być może jest to największe rozczarowanie współczesnych, zamożnych ludzi Zachodu. Dostęp do źródła energii życiowej zostaje bowiem zawsze zerwany, gdy świadome pragmatyczne cele nie zostawiają miejsca na kontakt z nieświadomymi, irracjonalnymi potrzebami oraz nieprzeniknionością śmierci. Natomiast aby się spotkać z nieświadomym, konieczne jest operowanie odpowiednio pojętym systemem symboli i znaczeń, które potrafiłyby wyrazić jej treści. Popkultura nie operuje zaś dostatecznie bogatym zasobem sensu w tym obszarze i nie umożliwia człowiekowi autentycznego kontaktu z jego głębokimi pokładami umysłu [aby nie powiedzieć duszy], dzięki czemu mógłby zachować on równowagę między wewnątrzpsychicznym procesem nieświadomym a doświadczeniem płynącym z zewnątrz.

Współcześnie ekonomia zdominowała sferę polityki. To nie dobro publiczne, ale dobra konsumowane stanowią wartość podstawową, wokół której koncentrują się wysiłki polityków. Jednakże to właśnie logika myślenia ekonomicznego i system wartości wykształcony na jego fundamencie, stał się realną przyczyną ludzkiego cierpienia i śmierci każdego dnia. Ekonomia nie jest etyczna ale praktyczna, a jej twarde zasady obojętne są na cierpienia milionów bezimiennych mieszkańców slumsów wielkich metropolii, czy Afrykańczyków upadających pod naporem aids oraz wojen domowych, które są ponurym żniwem postkolonialnych rozgrywek. Podobnie obojętna jest także ekonomia na losy ludzi zmuszanych do niewolniczej pracy w Chinach czy Korei Północnej. To właśnie twarde zasady wolnego rynku pozbawiły ludzi Zachodu poczucia bezpieczeństwa płynącego z pewności jaką daje stała praca i miejsce zamieszkania, podnosząc do miary cnoty koniecznej mobilność i elastyczność zawodową, która wymusza na jednostce stałą zdolność do wprowadzania maksymalnych zmian w poczuciu tożsamości własnej. Takie gwałtowne zmiany w interpretacji obrazu siebie, narzucone przez okoliczności zewnętrzne, prowadzą w końcu do dezintegracji osobowości i samotnej śmierci przed telewizorem, gdzieś w wielkim mieście.

Jak już wspomnieliśmy, na skutek pragmatyzacji polityki, to nie dobrostan w człowieku liczy się najbardziej ale dobrobyt wokół niego. Celem zabiegów politycznych stał się więc dobrobyt podniesiony do rangi dobra ostatecznego i ostatecznego wyznacznika wartości osoby ludzkiej. Zdaje się, że wszelkie wartości poza konsumpcją straciły prawomocność i ugruntowanie dzięki sakralizacji systemu przekonań, który nadał miano prawdziwości tylko temu co uchwytne dla miar fizycznych i możliwe do spożycia. Według A. Samuelsa, wolny rynek w sensie emocjonalnym jak i intelektualnym budzi uczucia sprzeczne. Z jednej strony generuje on bogactwo, które potrafi być produktywne w szerokim sensie z drugiej strony jednak, nieuchronnie prowadzi do społecznej destrukcji, wyczerpania zasobów, niesprawiedliwości, nieuczciwości i pewnego rodzaju moralnej anarchii.[215] Podstawowy cel jaki sobie stawia współczesna ekonomia to podtrzymanie rozwoju i stałego wzrostu produkcji i konsumpcji. Musimy zaś być świadomi, że jest to niemożliwe przy ograniczonych zasobach. Uzyskanie względnej równowagi ekonomicznej w skali globalnej, narodowej, lokalnej oraz indywidualnej wymaga, co podkreśla A. Samuels, częściowego wyrzeczenia się idei ekonomicznego progresu. I nie chodzi tu o całkowity rozkład ekonomi rynkowej, ale o postawienie wartości którą jest człowiek rozumiany jako integralna całość psycho – fizyczna, przed wartością jaką jest gospodarka rynkowa z jej celami. Dobrami najwyżej cenionymi powinny się stać nie tylko wymierne dobra materialne, ale również te trudniejsze do zmierzenia i prostej obiektywizacji, związane z poczuciem subiektywnego dobrostanu jednostki, który wynika z jej komfortu emocjonalnego. Dojście do tego celu jest możliwe tylko dzięki zmianie wartości, ze szczególnym uwzględnieniem zmiany nastawienia do sfery ludzkich odczuć etycznych i estetycznych. Warto bowiem poddać refleksji jakie są emocjonalne i estetyczne koszty takich działań motywowanych zyskiem jak: wycinanie lasów tropikalnych, zanieczyszczanie wód, rozrastanie się potężnych metropolii i pogłębienie nędzy peryferii.

Powinniśmy zadać sobie jeszcze raz pytanie, w jakim stopniu bogactwo państwa umożliwia rzeczywistą realizację naszych ludzkich potencjałów? Na ile ten bieg po więcej władzy i rzeczy nie jest wielką kompensacyjną ucieczką, człowieka pozbawionego kontaktu z sacrum, przed nieuchronnością śmierci, która nigdy nie wiadomo kiedy przyjdzie, bezwzględnie pewne zaś jest to że nastąpi, i jest to tylko kwestia czasu. Zauważmy że doświadczenie naszej śmiertelności objęte zostało szczególnym tabu w kulturze Zachodu, a niedostatek higieny świadomości duchowej zdaje się być kluczem do zrozumienia tego problemu. Wymiar transcendentny bytu można wykluczyć z dyskursu społecznego, zamazać, tak jak zamazywano imiona znienawidzonych faraonów, ale chowanie głowy w piasek nie rozwiąże problemu transcendencji i numinosum, co najwyżej może uczynić doświadczanie człowieczeństwa bardziej nieprzejrzystym i budzącym trwogę.

Ramy instytucjonalno – prawne życia politycznego w naoczny sposób wyrażają stan świadomości społecznej. Świadomość jednostkowa zawsze powstaje w tle kulturowym, które nadaje jej strukturę, znaczenie i kontekst. Kultura nie jest jednak czymś odcieleśnionym, nie jest zawieszona w idealistycznej przestrzeni, jej komponenty są materialne, podobnie jak myśli składają się z komponentów materialnego mózgu, dlatego wszystkie kulturowe zdarzenia mają swoje społeczne

---

[215] op.cit.

odpowiedniki. Te materialne komponenty, takie jak różne rodzaje technologii i środków produkcji, instytucje polityczne, architektura, położenie geopolityczne czy organizacja zamieszkania itp., mają wielkie znaczenie w określaniu kulturowego światopoglądu. Z tego względu zmiana świadomości osadzona jest zawsze w zmianie instytucji, a każdy nowy pogląd osadzony zostaje w nowej techniczno – ekonomicznej bazie, z nowymi wzorcami zachowań.[216] [217]

Według psychologów rozwijających nurt transpersonalny rozwój świadomości następuje od wąskiej identyfikacji i integracji z matką, rodziną, grupą etniczną, ku świadomości i postawie, którą K. Wilber nazywa światocentryczną[218]. Świadomość ta, przekracza socjocentryczny układ ról i zasad, z którymi się utożsamia jednostka, i rozciąga się w kierunku globalnego, humanistycznego myślenia, które jest nastawione na dbałość o dobro wszystkich a nie tylko najbliższych, bezpośrednio związanych z koncepcją „JA", „MY" „MOJE" kontra „ONI", i to coś ich, co można im zabrać. Przyjmując tę postkonwencjonalną postawę, ludzie zbliżają się do prawdziwego duchowego lub transpersonalnego otwarcia[219]. Chodzi tu o spojrzenie na świat jako niepodzielną całość, którą w sensie psychologicznym reprezentuje Self jako centrum, wokół którego organizuje się cały zróżnicowany obraz świadomości ludzkiej. W tym kontekście głębszego znaczenia nabierają słowa Chrystusa, którego postać jest biblijną reprezentację Self ogólnoludzkiego, gdy mówi on: „cokolwiek uczyniliście jednemu z braci moich, mnie uczyniliście". W ujęciu transpersonalnym umysł ludzki tworzy bowiem jedną całość [Jaźń, Self], podobnie jak świat przyrody tworzy zintegrowany wewnętrznie ekosystem, a nie jest zaś tylko zbiorem elementów, które jako byty autonomiczne i niezależne wchodzą ze sobą w relacje bądź nie.

Współczesne procesy globalizacyjne osłabiają pozycję państw suwerennych. Dzieje się tak na skutek presji wywieranej na nie przez gwałtowny rozwój technologii, oraz skorelowany z nim bezpośrednio, wzrost szybkości przepływu informacji i kapitału - to z kolei wymusza przeobrażenia w dziedzinie świadomości. Zasięg tych przeobrażeń obejmuje całą ludzką społeczność. Wspomniana już

---

[216] K. Wilber Krótka historia wszystkiego, Jacek Santorski & CO Wydawnictwo, Warszawa 1997, s. 105.

[217] Według K.Wilbera, intersubiektywne przekonania wspólnoty łączą się zawsze ze specyficznymi interobiektywnymi sposobami organizacji społecznej. Oto archaiczna świadomość kolektywna związana jest bezpośrednio ze szczepową organizacja zbieraczą, magiczna ze szczepową a potem wioskową organizacja ludzi uprawiających małe działki ziemi [ogrody] za pomocą pracy własnych rąk i najprostszych narzędzi, mityczny poziom świadomości powiązany jest z organizacjami wczesnopaństwowymi, a potem pierwszymi cesarstwami. Przejście do racjonalizmu, jako paradygmatu kształtującego kolektywną świadomość łączy się z powstaniem suwerennych państw narodowych, monarchii oświeconych i industrializacji. Wreszcie przełom informatyczny i system globalny jako zewnętrzna strona funkcjonowania człowieka wiąże się z tak zwaną świadomością centaurową wizji - logiki, wyrażającą integracje umysłu [racjo] i ciała, noosfery i biosfery w stosunkowo autonomicznym „ja" indywidualnym. Nie oznacza to wyizolowanego, atomistycznego czy egocentrycznegoego obrazu świadomości indywidualnej, ale raczej „ja" włącza się tu spontanicznie w związki odpowiedzialności i służby.[217] Według K. Wilbera poziom wizji logiki jest rodzajem syntetyzującej i integrującej świadomości, która sumuje części i dostrzega sieci wzajemnych oddziaływań i jeśli zajmuje się analizą świata zewnętrznego, tworzy wtedy teorie systemów. Jednak gdy jest podstawą prawdziwej przemiany – która nie mieści się w ramach teorii systemów, staje się czymś bardzo wyjątkowym i wspiera wówczas całą zintegrowaną osobowość, zdolną utrzymać globalny światopogląd, a nie tylko o nim mówić.

[218] op.cit., s. 220.

[219] op.cit., s. 221.

szybkość przebiegu informacji i pieniądza, masowe migracje ludności, multikulturowość a współzależność ekonomiczna przede wszystkim, narzucają rozszerzenie świadomości grup i jednostek z pozycji nacjonalistycznych w kierunku światocentrycznym. Proces ten przebiega jednak bardzo opornie, a do tej pory zaowocował głównie wzrostem różnego typu separatyzmów nacjonalistyczno – religijnych. Zjawisko to można potraktować jako specyficzny rodzaj masywnego oporu wobec rozszerzenia koncepcji tożsamości własnej poszczególnych społeczeństw, które szczególnie mocno identyfikują się ze swoją tradycją religijną oraz przynależnością etniczną. Zmiana się jednak dokonuje, bo nawet poprzez walkę ludzie się spotykają, poznają i potem nigdy już nie są tacy jak byli przed tą konfrontacją, nawet jeśli miała ona charakter negatywny. Ciekawe jest w naszych czasach to, że zarówno procesy ekonomiczne jak i poziom rozwoju technologii i jej dostępność, sprawiają, że spotykają się grupy etniczne i kulturowe, które nigdy dotąd ze sobą nie obcowały, ledwie może wiedziały o swoim istnieniu. Rodzi to nowe nieporozumienia ale i nową nadzieje, na bardziej zjednoczoną ludzkość.

Globalne Self ludzi żyjących na Ziemi jest podzielone. Na skutek tego zróżnicowania w poszczególnych częściach Self dochodzi do napięcia i pobudzenia energii, która powoduje ruch w kolektywnej psychice[220]. Problem polega na tym, że jest to ruch ku niszczeniu odmiennego, by jedyną pełnią i całością uczynić to co „MOJE". W ten sposób możemy nakreślić również obraz psychologiczny problemu terroryzmu we współczesnym świecie. Parcie organizacji politycznych, a zwłaszcza ekonomicznych o charakterze globalnym, wymusza zmiany w świadomości, na które pewne grupy i społeczeństwa nie są gotowe. Mobilność interobiektywnej powierzchni życia społecznego, przekroczyła mobilność intersubiektywną, czyli zdolność rozumienia i kształtowania symboli, dzięki którym możliwe stałoby się przyjęcie nowego modelu organizacji życia społecznego i jego politycznego wymiaru, bez poczucia dezintegracji tożsamości grupowej czy narodowej. Proces taki równoznaczny jest z psychologiczną śmiercią minionych identyfikacji wielkich i małych grup społecznych, i chociaż nie oznacza ich fizycznej śmierci, zakłada jednak pewien kres ich istnienia w wymiarze symbolicznym.

Doszliśmy już, że kształt przyszłych rzeczy i rozwój potencjału ludzkiego wydobywany jest źródłowo z nieświadomości, z jej archetypowych pokładów oraz wypartego poza świadomość kolektywną sensu, którego nośnikami są osoby pozbawione do tej pory wpływu na kształtowanie się życia publicznego. Według psychologów transpersonalnych, kluczowe znaczenie dla harmonijnego rozwoju, zarówno społeczeństw jak i jednostek, ma ich właściwy kontakt z twórczym potencjałem Self, jako strukturą psychiczną, organizującą dynamiczny potencjał nieświadomości. Zatem poszerzenie pola [Jaźni] Self zarówno kolektywnej jak i jednostkowej stanowi tu kategorię centralną i powiązane jest bezpośrednio z ekonomią i polityką, które poprzez kierowanie zasobami siły pieniądza i władzy, wpływają bezpośrednio na życie symboliczne, kreowane w świadomości kulturowej.

---

[220] E. Edinger, Ego And Archetype, Schambala, Boston- London 1992, rozdz. 3.

Bezpieczne trwanie państwa nie musi być jednoznaczne z poczuciem bezpieczeństwa jego obywateli. Zmiana polityczna nie musi być też podyktowana niezadowoleniem z funkcjonowania instytucji państwowych, wynikać może natomiast raczej z niezadowolenia, iż te instytucje funkcjonują jako dobro dla siebie, nie są zaś w stanie zrealizować potrzeb podmiotów dla których zostały powołane. Ludzie w istocie nie potrzebują dobrze funkcjonującego państwa, ale dobrego życia. Brak dobrostanu psychicznego wśród obywateli jest najsilniejszą motywacją do zmiany obrazu sytuacji politycznej. Wypracowanie jakiegoś „*political selfhood*" - politycznego zespolenia, jawi się obecnie jako naglące wyzwanie, w obliczu presji ekonomi i polityki ponadnarodowej oraz dochodzenia do głosu tych kategorii ludzi, którzy musieli do tej pory milczeć i nie byli brani pod uwagę jako realna siła polityczna. Czy proces jednoczenia się ludzkiego Self będzie się pogłębiał, czy dojdzie tylko do przesunięć w ramach pękniętego obrazu Człowieka, to jest przed nami zakryte.

BIBLIOGRAFIA

Avalon A., Joga kundalini. Ścieżka poznania siebie, Brama, Poznań 2001.
Aronson E., Dysonans, hipokryzja i obraz własnej osoby w: pod red. Aronson Eliot [2001], Człowiek istota społeczna. Wybór tekstów, Warszawa, PWN.
pod red. Błocian I., Saciuk R., Nieświadomość to odrębne królestwo, Adam Marszałek, Toruń 2003.
Bohm D., Undivaded universe: An Ontological Interpretation of Quantum theory
Capra F., Punkt zwrotny, PIW, Warszawa, 1987.
Chomski N., Rok 501. Podbój trwa, PWN, Ponań, 1999r.
Covey S. R., Zasady skutecznego przywództwa, Wyd. REBIS, Poznań 2004.
Dralulić S., „Oni nie skrzywdziliby nawet muchy. Zbrodniarze wojenni przed Trybunałem w Hadze", Wydawnictwo W.A.B., Warszawa, 2006.
Durr H. P., wykład Quantum Theory and Creativity, dostępny w: http://www.youtube.com/watch?v=rFTuI0G0hh8.
Drury N., Psychologia transpersonalna. Ludzki potencjał, Zysk i S- ka, Poznań 1995.
Edinger E. F., Anatomy of the psyche. Alchemical symbolism in psychotherapy, Open Court, La Salle 1985.
Edinger E., Ego And Archetype, Schambala, Boston- London, 1992.
Freud S., Pisma społeczne, Wydawnictwo KR, Warszawa 1998.
Freud S., Psychologia zbiorowości i analiza ja w: Pisma społeczne, Wydawnictwo KR, Warszawa 1998.
Freud S., Kultura jako źródło cierpień, w: Pisma społeczne, Wydawnictwo KR, Warszawa 1998.
Freud S., Człowiek imieniem Mojżesz i religia monoteistyczna w: Pisma społeczne, Wydawnictwo KR, Warszawa 1998.
Freud S., Życie seksualne, Wydawnictwo KR, Warszawa 1999.
Fromm E., Suzuki T. D., De Martino R., Buddyzm zen i psychoanaliza, Rebis, Poznań 1995.
Fromm E., Zdrowe społeczeństwo, Państwowy Instytut Wydawniczy, Warszawa 1996.
Goleman D. Boyatzis R., McKee A., Naturalne przywództwo, Wyd. Jacek Santorski, Wrocław – Warszawa, 2002.
Grof S., Obszary nieświadomości, Wydawnictwo A, Kraków 2000.
Grof S., Poza mózg. Narodziny, śmierć i transcendencja w psychoterapii, Wydawnictwo A, Kraków 1999.
Grof S., Przygoda odkrywania samego siebie. Wymiary świadomości. Nowe perspektywy w psychoterapii, Ueaeus, Gdynia 2000.
Hagelin J., http://www.youtube.com/watch?v=yFkb_kpTiiU, wykład pt."Świadomość oraz materia"
Havel V., "Tylko krótko proszę", Wyd. ZNAK, Kraków 2007
Heisenberg W., Physics and Philosofy. The Resolution In Modern Science, Harper and Row: New York, 1962.
Heisenberg W., Fizyka a filozofia, Książka i Wiedza, 1965.
Huxley A., Drzwi percepcji. Niebo i piekło, Przedświt, Warszawa 1991.
Huxley A., Filozofia wieczysta, Pusty Obłok, Warszawa 1989.
Jacobi J., Psychologia C. G. Junga, Ewa Koraczewska L. C., Warszawa 1996.
Jung C.G., Psychologia a religia, Wrota, Warszawa 1997.
Jakubczak M., Poznanie wyzwalające. Filozofia jogi klasycznej, Nomos, Kraków 1999.
Jung C. G., Archetypy i symbole, Czytelnik, Warszawa 1993.
Jung C.G., Civilization in Transition, Wotan, Bollingen Fundation, New York, 1964.
Jung C.G., Misterium coniunctionis, WROTA, Warszawa, 2001.
Jung C.G., On the Nature of the Psyche, CW 8, par. 430.
Jung C. G., Podróż na wschód, Pusty Obłok, Warszawa 1992.
Jung C. G., Podstawy psychologii analitycznej. Wykłady tavistockie, Wrota, Warszawa 1997.
Jung C. G., Psychologia a religia, Wrota, Wrota, Warszawa 1997.
Jung C. G., Symbole przemiany, Wrota, Warszawa 1998.
Jung C. G., Typy psychologiczne, Wrota, Warszawa 1997.
Jung C. G., Wspomnienia, sny, myśli, Wrota, Warszawa 1999.
C.G. Jung, Symbole przemiany. Analiza preludium do schizofrenii, WROTA, Warszawa, 1998r.

Kapuściński R., Cesarz, Czytelnik, Warszawa, 2005.
Karczewski W., Rozmyślania o rozumie, Wiedza i Życie, nr 3/ 1996.
Laying R.D.,, The Voice of Experience, New York, 1982.
McFarlane Th. J., Quantum Physics, Depth Psychology, and Beyond, w: www.integralscience.org, February 26, 2000 revised June 21, 2000.
Mc Gregor I. P., Wielcy myśliciele Wschodu, Al. Fine, Warszawa 1997.
Mindell A., Lider mistrzem sztuk walki, Medium, Warszawa 1995, s. 108.
Mindell A., Siła ciszy, KOS, Katowice 2007, s. 158.
Mindell A., Siedząc w ogniu, Nuit Magique, Warszawa 1998, s. 179.
Motycka A., Rozum i intuicja w nauce, Wyd. Eneteia, Warszawa, 2005.
Samuels A., Politics On The Couch. Citizenship and the Internal Life, Profile Books Ltd, London 2001.
Samuels A., The Polityсal Psycho. Citizenschip and the Internal Life, Profile Books Ltd, Great Britain, 2001.
Robins S., Post J., Paranoja polityczna. Psychologia nienawiści, KiW, Warszawa 2007.
Satsvarupa dasa Gosvami, Czym są Wedy? Zarys myśli staroindyjskiej, RU ZSP Politechniki Wrocławskiej, Wrocław 1986.
Scott A., Schody do umysłu. Nowa kontrowersyjna wiedza o świadomości, Wydawnictwo Naukowo – Techniczne, Warszawa 1999.
Segal H., Psychoanaliza, literatura i wojna. Pisma z lat 1972-1995,Gdańsk,GWP, 2005.
Siuta J., Współczesne koncepcje w badaniach nad hipnozą, PWN, Warszawa 1998.
Smith A., The wealth of nations. Oxford: Clarendon Press, 1776.
Sogjal Rinpocze, Tybetańska księga życia i umierania, Diogenes, Warszawa 2001.
Swami Rama, Duchowość, transformacja wewnętrzna i zewnętrzna, Limbus, Bydgoszcz 2000.
Sutich A.J., The Founding of Humanistic and Transpersonal Psychology w: A Personal Account, rozprawa przedstawiona w Instytucie Psychologii Humanistycznej, kwiecień 1976.
McTaggart L., Pole. W poszukiwanie tajemniczej siły wszechświata, Wyd. Czarna Owca, Warszawa, 2009r.
Tart Ch., Altered States of Consciousness, Nowy Jork 1969.
Tenzin Giatco Dalajlama, Wolność na wygnaniu, Świat Książki, Warszawa 1999.
Tischner J., Nieszczęsny dar wolności, Społeczny Instytut Wydawniczy Znak, Kraków, 2000.
Tokarz F., Z filozofii indyjskiej. Kwestie wybrane, Towarzystwo Naukowe KUL, Lublin 1990.
Vedfelt O., Poziomy świadomości, Eneteia, Warszawa 2001.
Vedfelt O., Wymiary snów, Eneteia, Warszawa 1998.
Visser F., Ken Wilber. Pasja myślenia, Jacek Santorski & CO, Warszawa 2003.
von Franz M.L.,, Number and Time, Northwestern University Press, Evanston, 1974.
von Franz M.L., Psyche and Matter, SHAMBALA, Boston & London, 1992r.
Walsh R.N., Vaughan F., Beyond Ego. Transpersonal Dimension in Psychology, J.P. Tacher, Inc., Los angeles 1980.
Welsch W., Nasza postmodernistyczna moderna, Oficyna Naukowa, Warszawa 1998.
w. Welsch, Nasza postmodernistyczna moderna, Oficyna Naukowa, Warszawa 1998.

Williams B., Lenin, Zakład Narodowy imienia Ossolinskich Wydawnictwo, Wrocław – Warszawa – Kraków, 2000.
Wilber K., Krótka historia wszystkiego, Jacek Santorski & CO, Warszawa 1997.
Wilber K., Niepodzielone. Wschodnie i zachodnie teorie rozwoju osodowości, Zysk i S – ka, Poznań 1996.
Wilber K., Psychologia integralna. Świadomość, duch, psychologia, terapia, Jacek Santorski & CO, Warszawa 2000.
Wiley J., Tart Ch., Traspersonal Psychologies, Harper & Row, Nowy Jork 1975.
Życiński J, Granice racjonalności. Eseje z filozofii nauki, PWN, Warszawa, 1993.

„istnieje miłość i Miłość. Istnieje gołąb i istnieje wąż. Wybieraj mądrze". Księga Praw, wers 1:57

More Books!

yes I want morebooks!

Kaufen Sie Ihre Bücher schnell und unkompliziert online – auf einer der am schnellsten wachsenden Buchhandelsplattformen weltweit!
Dank Print-On-Demand umwelt- und ressourcenschonend produziert.

Bücher schneller online kaufen

www.morebooks.de

Kupuj książki online szybko i bezpośrednio – w jednej z najszybciej rozwijających się księgarni w Internecie! Stosujemy przyjazną dla środowiska metodę druku na żądanie (Print-on-Demand).

Kupuj książki online na

www.morebooks.de

OmniScriptum Marketing DEU GmbH
Heinrich-Böcking-Str. 6-8
D - 66121 Saarbrücken
Telefax: +49 681 93 81 567-9

info@omniscriptum.com
www.omniscriptum.com

OMNIScriptum

FSC
www.fsc.org
MIX
Papier | Fördert
gute Waldnutzung
FSC® C083411

Kolibri 360 GmbH
Ferdinand-Jühlke-Straße 7
99095 Erfurt, Deutschland
produktsicherheit@kolibri360.de

Druck:
CPI Druckdienstleistungen GmbH
im Auftrag der
Kolibri 360 GmbH
Ferdinand-Jühlke-Str. 7
99095 Erfurt